Dr.史考特的 一分鐘 健瘦身 教室

暢銷增修版

用[科學] ✕ [圖解]
破除迷思，打造完美體態！

復健科醫師 史考特（王思恒）/ 著

CONTENTS 目錄

//

Part

2

Part

健身教練不告訴你的事

Part 4

重量訓練才是健身王道

腳踏實地、立論嚴謹的
運動保健家

　　網路時代讓知識變得垂手可得，現在秀才不出門，真的能知天下事。不過，上網固然方便，網路資訊的「質」卻沒有跟上「量」的進展，這點在運動保健上又特別嚴重。缺乏根據、完全錯誤的資訊在網路上被廣為轉貼、分享，實在令人憂心。王思恒醫師的「一分鐘健身教室」也是以網路自媒體的方式經營，其腳踏實地、立論嚴謹的寫作風格，讓他在百家爭鳴的網路世界得以脫穎而出，是醫界的後起之秀。近幾年台灣醫學院開始強調「實證醫學」的觀念，我想王醫師的著作正反映出醫學教育的成功。我願意在此誠摯推薦這本對健康有益的書！

—— 里約奧運中華隊醫療團總召　林瀛洲

「減脂養肌」科學方法的最佳代言！

　　市場上的減肥書籍充滿了許多「存活者偏差（Survivorship Bias）」的陷阱，往往只因該作者、部落客自己成功減肥，便因此成為減肥達人或專家！此類型的書籍內容習慣提供技巧、偏方供讀者參考，但欠缺科學依據、完整且具有系統性的架構。專業復健科醫生背景出身的史考特醫生，在撰寫部落格時的所有文章皆是以有科學實證的論文研究為出發點，幫助讀者破除迷思、提供具有邏輯性的論述觀點。雖說如此，史考特醫生也絕非光說不練的專家！身為實踐家

的他，絕對是「減脂養肌」科學方法的最佳代言人，更是此類型書籍中，唯一能提供完整知識價值給各類型讀者的專家！

—— PTT MuscleBeach健身版版主　威力

短短一分鐘，
讓你更了解健康的生活！

　　適當的營養與飲食攝取，可達成與維持合適體重；良好的體重管理可透過飲食的熱量攝取與身體活動的熱量消耗來維持平衡。而營養、飲食與運動是健康不可或缺的要素，要探討這三者關係，科學實證相當重要，了解營養、飲食介入的時機與作用，更能使運動發揮其最佳效果。

　　史考特（王思恒）醫師，總是帶著迷人笑容且態度親切和藹，脫下醫師袍後，是位熱愛健身運動、烹調與享受美食的新好男人。他利用「一分鐘」簡短時間，說明了運動、減重、營養及飲食的新知與迷思，並輔以親身經驗及豐富研究文獻。內容淺顯易懂、深入淺出，以獨到的角度與生活化的文字，使閱讀者能迅速了解並同步思考。

　　營養師常說：「you're what you eat…」（人如其食），吃什麼，像什麼。我誠心推薦與建議大家不妨停下忙碌的生活，無論是要開始健身或減重，花短短一分鐘細細品味與閱讀此書，讓自己更了解運動、營養及飲食重要及關聯性。因為，健康的生活就是從飲食及與運動開始。

—— 臺大醫院營養師　柳宗文

從4顆蛋黃開始的
科學研究之旅

//

　　從還在醫學院念書的時代，我就是個健身的狂熱分子。為了免去交通與健身房擁擠的麻煩，我與室友集資，買了一套舉重設備在家裡健身。

　　當醫學生雖然有很多書要念，但至少不用值夜班。所以那段時間裡，一週5天，風雨無阻，我在家裡認真地鍛鍊。要知道，健身除了練肌肉外，飲食更是重要的一環。沒有足夠的營養素，身體要如何長肌肉？於是我開始聽從健身網站上文章的建議，每天三餐低脂高蛋白，吃起了水煮雞胸肉、糙米、花椰菜來。現在回想起來印象最深的一件事，就是每週都要為了多餘的蛋黃傷腦筋。

　　網路上的健身達人提到，雞蛋雖然是絕佳的蛋白質來源，但蛋黃裡的脂肪含量可不少，吃太多會使人發胖。更糟的是，2顆蛋黃就會超出每日建議的膽固醇攝取上限，長期吃下來就算不胖死，也會心血管阻塞而病死。

　　只要蛋白質又不想要過量膽固醇，所以我每天早餐的5顆蛋，只有1顆蛋黃能留下，其他通通要丟掉。這時問題來了，多餘的蛋黃要怎麼處理呢？丟在垃圾桶裡很快就會發臭長蟲，這雞蛋臭起來可是不得了的！就算室友都是臭男生，我也不敢在家裡進行小型的毒氣試驗。那麼丟進流理檯隨著水流進下水道呢？這是我一開始打的如意算

盤，可是很快就遇到問題：黏稠的蛋黃將水管塞住，在廚房裡造成小型水災。

再來是心理上的糾結：從小以來我就是一個不喜歡浪費食物的人，碗裡總是不留一粒飯的我，突然間要把大量的食物丟掉，心裡實在過意不去，室友都暗笑我死後會墮入「蛋黃地獄」。

在外在世界與內在心理的雙重夾擊之下，我決定一頭栽入醫學文獻的大海中，想弄清楚丟蛋黃這件事情的科學根據為何。結果，我查到的資料把我嚇了一跳：吃蛋黃根本就不會升高血中膽固醇濃度！至於發胖的問題呢？文獻說，在熱量相等的條件下增加脂肪、降低碳水化合物攝取，並不會使人發胖。

我自己展開的小型研究不但將我從蛋黃地獄中拯救出來，更引發了我對營養科學的興趣。我很想知道我們認為是「常識」的營養教條，有多少是來自道聽塗說？又有多少是在嚴謹的科學研究下產生的？利用閒暇時間，我將觸角延伸至其他具爭議性的主題，綜合科學文獻、付費期刊、國內外專家的意見，還有一些個人的觀點，開始將研讀心得發表在網誌「一分鐘健身教室」上，也是各位手上這本書的大部分內容。

網誌創立初期，我的寫作目標放在健身族群最重視的「增肌減脂」上，後面，我將視角慢慢拉廣到「疾病預防」以及「健康促進」上。相信這本書不僅對於想要緊實身材、健美腹肌的朋友有幫助，任何　位注重健康的讀者，都可以從本書中挖到最新最好的保健知識。

媒體上眾說紛紜、有時又自相矛盾的說法還在讓你苦惱嗎？讓《Dr.史考特的一分鐘健瘦身教室》教你如何在資訊紛亂的時代中自處吧！

Part 1

運動減重
謎團大破解

臉書、新聞、雜誌上關於飲食、運動、瘦身的文章，
大約有一半的資訊是過時或與科學研究互相牴觸，
另一半才與最新科學研究互相吻合。
但，哪一半是對的？哪一半是錯的？

一起挑戰根深蒂固的
健身減重迷思吧！

///

我曾經聽過一個故事。

美國某醫學院的教授在新生入學典禮上致詞，他對大一新生們講到：「在這裡，我們教你的事情有一半是錯誤的。但很遺憾的，我們還不知道是哪一半。」

這故事想傳達學者的謙卑，在學術進展一日千里的今日，學說不斷地被創立，也不斷地被推翻。

也因此不管是醫師或是學者，我們應該要持續地挑戰既有理論，保持心胸開闊，接受科學帶來的改變。

遺憾的是，這故事是以不一樣的意義讓我感受到共鳴。

每當我在臉書、新聞、雜誌上看到關於飲食、運動、瘦身

的文章時，大約有一半的資訊是過時、或與科學研究互相牴觸的，另一半才與最新科學研究互相吻合。

　　沒有學習過怎麼解讀科學文獻的普羅大眾，無法分出哪一半是對的、哪一半是錯的。這些錯誤觀念影響之深遠，我認為超出大多數人的想像。

　　各位讀者想像一下，如果智慧型手機裡的電子地圖只有50%的機率能帶領你往正確方向走，你有辦法到達目的地嗎？甚至，你還會使用它嗎？

　　在Part1「運動減重謎團大破解」裡面，我將要來挑戰一些深根蒂固的健身減重迷思。相信閱讀完之後，你將會對一些常見的錯誤資訊免疫，也能在邁向健美體態的路上，找到一個正確穩固的大方向。

運動減肥的真相，
震驚了所有人！

運動有許多健康益處，每個人都該投資時間在運動上，只是要靠運動減重，效果往往不如控制飲食。

臉書常常流傳好多篇震驚「數億人」的轉貼文章，我很想跟隨流行，又礙於粉絲團「一分鐘健身教室」沒有數億的點閱率，只好來發一篇震驚「所有人」的文章，這樣聽起來還不至於太漏氣。

今天，我要來揭開一個很少人知道，卻是個非常不悅耳的真相：**運動減重的效果並不好**。「什麼？這不是一分鐘健身教室嗎？史考特是不是被盜帳號了？」你可能心裡在這麼想著。但證據擺在眼前，相對於飲食控制，運動（包括重量訓練與有氧運動）的減重成效並不好，無數的臨床試驗一再證實這個論點，可惜的是，許多減重的朋友往往忽略了健康飲食的重要，而拚命地在健身房消磨青春，卻得不到想要的成效。

為了避免誤解，我在這邊要先說清楚、講明白：我絕對不是反對大家運動，運動有許多健康益處，每個人都該投資時間在運動上；只是，**想要靠運動減重**，效果往往不如控制飲食來得好。還沒有被說服嗎？請來看看以下的研究分享。

▍運動的減重效果低於預期

2011年，一篇發表於《新英格蘭醫學期刊》、名為「減重與運動對老年身體功能影響」的研究裡，研究者找來了107位肥胖的中老年人，分為4組進行實驗。

- **控制組**：啥也不用做，維持原本生活習慣。

- **飲食組**：進行低熱量節食計畫。

- **運動組**：在物理治療師指導下，進行有氧運動與重量訓練。

- **飲食＋運動組**：結合上述兩組的減重計畫，又節食又運動。

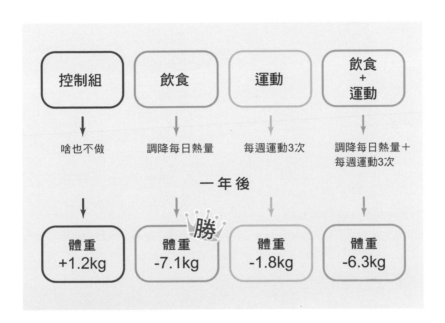

經過1年，不同組別受試者的體重出現了顯著差異。控制組和運動組的受試者體重幾乎沒有太大變化，但飲食組和飲食＋運動組的受試者體重卻是節節下降，一年之間減少了將近10公斤。

數據會說話：什麼都不做的「控制組」在這一年增加了1.2公斤的體重，實施有氧與重訓計畫的「運動組」體重少了1.8公斤；而光是調整飲食、進行低熱量節食的「飲食組」，一年間就瘦了7.1公斤，但結合運動和飲食的「飲食＋運動組」，體重只減少了6.3公斤。在專業物理治療師的指導下，每週運動270分鐘，有氧與重量訓練兼具的運動組，減重成績竟然遠遠落後只節食不運動的組別，這還有天理嗎？我們可以看下一頁的圖表會更清楚。

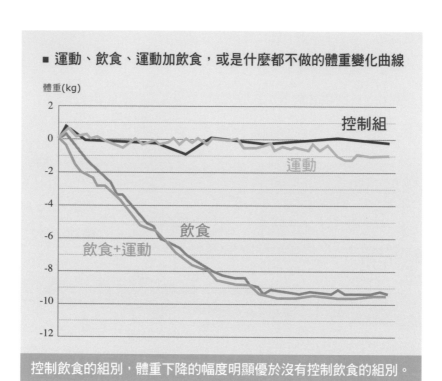

■ 運動、飲食、運動加飲食，或是什麼都不做的體重變化曲線

控制飲食的組別，體重下降的幅度明顯優於沒有控制飲食的組別。

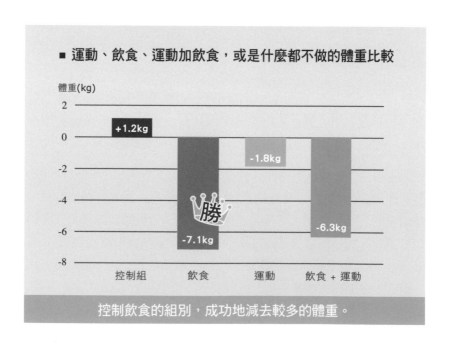

■ 運動、飲食、運動加飲食，或是什麼都不做的體重比較

控制飲食的組別，成功地減去較多的體重。

看完這個研究，你可能會認為這是單一個案，因為隔壁老王的太太就是靠著慢跑瘦了5公斤，所以運動一定有效。我並沒有否認運動減重的效果存在，靠運動甩肉的確是有可能的，只是運動減重的C/P值還遠遠不如飲食控制高。

再來看看以下的文獻研究結果：以下三篇來自美國的運動醫學研究中，受試者分別花10週、6個月、8個月時間來進行不同內容的體能訓練。研究發現，第一組受試者每週花2天重量訓練、3天進行有氧運動，10週後體重減了0.3公斤，體脂減少1.1公斤；而第二組受試者每週進行消耗近1000卡的有氧運動，花6個月的時間，體重減少了1.5公斤，體脂減少了0.1公斤；第三組受試者則是每週進行5個小時的重量訓練與有氧運動，8個月下來體重也才減少1.63公斤，體脂減少了2.44公斤。

實驗結果顯示，光靠運動真的很難瘦！

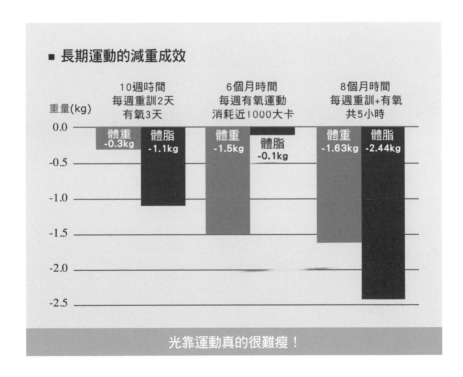

運動不是不會瘦，只是幅度很難讓人滿意。如果你每週在專業教練的指導下運動5小時，8個月過去了，體重才減少1.6公斤，你是否會感到喪氣，甚至向教練要求退費呢？

最後，2007年美國運動醫學會與心臟科醫學會共同出版的指引中，有一段經典的描述：

"我們可以合理地推測，一個人每天消耗越多能量，長期下來就越不容易發胖。不過，目前還沒有確切的證據支持這樣的假說。"

幾十年來，公共衛生學界砸下龐大資源來研究運動與肥胖之間的關係，如果連這樣都還找不到「確切的證據」支持運動減重的效果，我們是否應該考慮換個方向努力呢？

Dr.
史考特　1分鐘小叮嚀

我要再次強調，運動是健康生活所必需。我絕對不建議大家取消健身房的會員，在家當沙發馬鈴薯。舉個例子來說：刷牙對健康至關重要，每個人都該刷牙；雖然刷牙對減肥沒什麼幫忙，但你還是應該每天刷牙。運動有許許多多的健康益處，減重卻不是其中一項（至少效果不大好）。

如果你也有努力運動、體重卻紋風不動的困擾，是時候回頭來檢討你的飲食了！

常常睡不飽嗎？
小心你會瘦不了！

睡眠不足是常常被大家忽略的肥胖重要成因。睡眠不足不僅會有貓
熊眼，更會讓你的身材看起來也像隻貓熊！

　　大家都知道，飲食控制與運動是擺脫肥肉的不二法門。為了戰勝肥胖、促進健康，衛生福利部告訴我們每週要運動150～300分鐘、天天要攝取5蔬果。但不可諱言，啃著芹菜蘋果，在跑步機上度過漫漫長夜的男女們，並不是每個都擁有健美的體態。運動節食卻瘦不下來的朋友其實並不少。費盡心力卻不見體重改變，這教人怎能不自暴自棄，怨嘆別人的遺傳和體質都是天上掉下來的禮物呢？甚至聽從謠言、誤信偏方，害得自己傷財又傷身的例子也不少見。

　　其實，除了飲食的不健康與缺少運動之外，睡眠不足是一個常常被大家忽略的重要肥胖成因。睡眠不足不僅會有貓熊眼，更會讓你身材看起來也像隻貓熊。不相信嗎？讓我們一起來看看過去的睡眠科學研究怎麼說。

睡眠與肥胖的觀察性研究

　　在許多不同的觀察性研究中，睡眠時數與肥胖有一致且顯著的「負向關聯性」。也就是說：睡得越少，體重越重。美國政府針對國民數年一度進行的大規模普及性健康調查（National Health and Nutrition Examination Survey，簡稱NHANES）發現：每天睡眠低於7小時的人，肥胖機率大增。

在這個研究裡，我們可以看到每天睡眠時間只有2～4小時的人，BMI❶高達30，而睡眠時間有7小時甚至10小時的，BMI相對穩定地落在26～27之間。

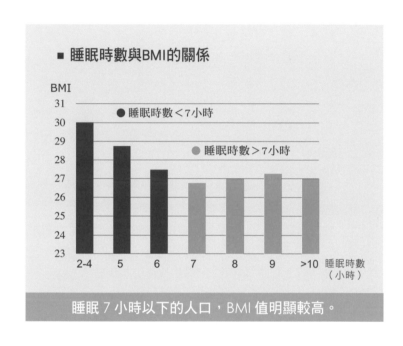

■ 睡眠時數與BMI的關係

BMI

● 睡眠時數＜7小時

● 睡眠時數＞7小時

2-4　5　6　7　8　9　>10　睡眠時數（小時）

睡眠 7 小時以下的人口，BMI 值明顯較高。

在瑞士都會區的研究也指出：睡得越少的年輕人，在40歲那年發福的比例也越高。而睡眠時間在5小時以下的人，BMI為28，但睡得越久，人的BMI也隨之下降，睡眠時間長達8～9小時的人，BMI只有23，低於睡得少的人。

甚至將遺傳、運動習慣、原先的身材等各種因素都納入考慮後，每增加1小時的睡眠時數，仍可降低50%的肥胖機率，這意味著睡眠不足是一個肥胖的「獨立危險因子」，因此過去的觀察性研究一致同意：**睡得越少，體重越重**。

❶ BMI：指的是衡量肥胖程度的「身體質量指數」（Body mass index, BMI）。計算公式是以體重（公斤）除以身高（公尺）的平方。根據國民健康署建議，成人BMI應維持在18.5（kg/m²）及24（kg/m²）之間。

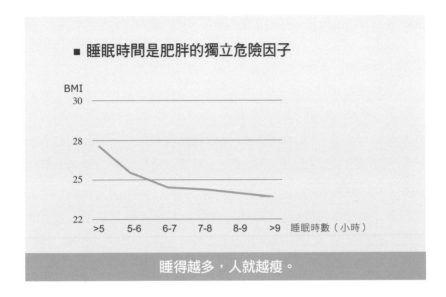

■ 睡眠時間是肥胖的獨立危險因子

BMI

睡得越多，人就越瘦。

▌為什麼睡得少會發胖？

弔詭的是，清醒時間越久，燃燒的熱量也應隨之增加。如果一個人維持原本的熱量攝取不變，睡得少應該會使他變瘦才對。

但熱量並非決定胖瘦的唯一關鍵，事實上，人體大多數的機能都是由荷爾蒙來調控，脂肪組織也不例外。要了解睡眠與肥胖的關係，我們必須先來看看睡眠不足對荷爾蒙造成的傷害：

■ 睡眠不足對4種荷爾蒙造成的影響

× 胰島素敏感度 ↓   × 飢餓素 ↑

× 壓力激素 ↑   × 瘦體素 ↓

而這些荷爾蒙的變化很可能正是害夜貓子發福的最大元凶：

壓力激素（皮質素）上升

僅一晚的睡眠不足或是完全不睡，會分別造成血液中皮質素上升37%與45%。在正常狀態下，壓力激素是我們的好朋友，它會抑制非必要的身體機能、釋放肌肉與大腦急需的葡萄糖，來幫助面對短期的生、心理壓力。補充一則冷知識：其實我們每天早上起床前，身體都會分泌壓力激素來幫助我們應付通勤、工作的壓力。

短期的壓力激素是健康且必要的，但長期睡眠不足造成壓力激素的長期上升，那可是對健康大大有害的，其症狀包括：腹部肥胖、水腫、高血壓、失眠、高血糖、掉頭髮……期末考前的大學生對這種現象應該不陌生。

胰島素敏感度下降

胰島素是身體中儲藏能量最重要的荷爾蒙，其功能為將血液中的養分儲藏至肝臟、肌肉與脂肪組織。胰島素敏感度下降的意思，就是身體不再理會胰島素的指揮，拒絕將血中的養分儲藏起來。假使這個狀況嚴重到一定程度，血糖升高與糖尿病就會找上門了！

僅一晚的睡眠不足就能降低胰島素敏感度達到25%，或許你自認年輕力壯，離糖尿病還遠得很，那麼來看看「睡眠不足對代謝與內分泌的衝擊」研究吧：11位年輕健康男性在經歷「僅僅」連續六晚的睡眠不足後，竟然就產生了類似糖尿病前期的代謝變化。糖尿病與連續六晚睡眠不足在現代社會都不是罕見的問題，它們的關聯性也不應被你忽視。

瘦體素下降

瘦體素是掌管人體胖瘦的關鍵荷爾蒙，在20年前一度被科學界認為是治療肥胖的神奇解藥。很可惜的是，後續的研究認為單純補充瘦體素並不能使人減重（減肥藥廠商表示欣慰）。

　　科學家更進一步發現：瘦體素控制人體的脂肪多寡、食慾、飽足感、代謝率。當食物來源缺乏時（節食、飢荒），體內的瘦體素也會下降以刺激食慾、降低代謝率，犧牲部分身體機能來幫助個體度過難關。

　　重點來了，研究者史畢格（Spiegel）等人發現，連續兩晚只睡4小時的年輕男性，體內瘦體素濃度下降了18%。這意味著睡眠不足會讓你的身體誤認為饑荒來臨，而開始暴飲暴食、儲存脂肪～（減肥藥廠商再度表示欣慰）。

飢餓激素上升

　　在上述瘦體素的研究中，研究者同時發現：掌管飢餓感的荷爾蒙「飢餓素」在連續兩晚缺乏睡眠後，提高了28%。由於飢餓素的作用，受試者的食慾與飢餓感顯著地上升。

　　這些年輕男性表示他們在熬夜後特別想吃富含碳水化合物的食物，如甜食、鹹零嘴、富含澱粉的食物。想必小七的老闆平常都有訂閱科學期刊，知道要在24小時營業的商店中擺滿汽水、巧克力、洋芋片……。

Dr. 史考特　1分鐘小叮嚀

　　吃太多動太少會使人發胖，這對許多人來說可能是個常識，但「睡不飽會瘦不了」的概念卻往往被減重者忽略。過去的觀察性研究一致認為睡眠不足是肥胖的重要危險因子，其背後的機轉也在實驗室中得到進一步解答。

　　睡眠不足引發各種不良的荷爾蒙變化，促使身體儲藏能量、飢餓感加劇，甚至降低代謝率。小吃、速食業者特別了解夜貓族的這種現象，也難怪24小時的速食餐廳業績蒸蒸日上。

　　如果你努力運動、控制飲食仍不見成果，或許睡眠是另一個你該好好審視的面向。

腹肌是在廚房裡練成的

要讓腹肌明顯的第一要務是消除腹部脂肪,而要讓腹部脂肪消失,
正確的飲食習慣是絕對必要的!

不論男孩女孩,明顯的腹肌是人人渴求的身體象徵,「有腹肌」
與「身材好」幾乎可以畫上等號。11字腹肌、馬甲線、人魚線、6塊
肌、8塊肌~~(甚至還有10塊腹肌,不知道怎麼長的?)~~,這些名詞一
再地出現在媒體、雜誌、部落格中,也間接反映出一般人對於腹肌的
欣賞與迷戀。

不意外地,市場需求造就了各式各樣的腹肌速成祕訣,有人在家
土法煉鋼,每天100下仰臥起坐;有專家在網路上提倡在家也可做的
10項腹肌訓練,告訴你持續3個月,6塊腹肌不是夢。更有診所推出不
節食、不運動也可擁有腹肌的整形手術,一時間也造成不小的風潮。
今天,我要來將練腹肌的正確觀念分享給大家,不用進健身房苦練,
也與失傳的核心肌群訓練無關——

因為腹肌是在廚房裡練出來的。

▍腹部脂肪是腹肌的最大敵人!

絕大部分的人看不見明顯腹肌的原因,不是因為腹肌不夠突出,
而是腹部脂肪把它蓋住了。脂肪組織結構柔軟疏鬆,圍繞在腹部,就
算肌肉線條練得再明顯、再大塊,也只是把疏鬆的脂肪組織往上撐,
讓肚子的脂肪更明顯而已,看起來並不會結實有形。

讓我舉個例子讓各位讀者更好想像：假設今天腹肌是一塊洗衣板，凹凸不平，看起來非常的威猛。但媽媽洗完棉被隨手一丟，洗衣板的紋路被蓋住了，誰也看不出來底下的洗衣板長什麼樣。要讓洗衣板的紋路浮現，第一要務就是要把棉被（脂肪層）的厚度降低！

把棉被拿掉，改放一件薄薄的白色T恤上去，底下的紋路應該變得若隱若現了吧？如果連白色T恤都拿掉，就算洗衣板凹槽紋路不深，也不怕別人看不見它的線條。

還是不信嗎？快聯絡那位瘦巴巴卻有明顯腹肌的男性友人，禮貌地「借看」一下他的腹部，他的腹肌真的有特別大塊嗎？

▍在廚房要怎麼練腹肌？

連斯斯都有三種了，全身的肌肉當然不會只有一種。有些肌肉擅長瞬間爆發力，有些能支持我們長時間行走、站立。同樣地，全身肌肉成長的潛力也不同：善於輸出爆發力的肌肉，例如胸肌、背肌經過重量訓練，能產生顯著的「肌肥大」。

提供長時間耐力為主的肌肉，例如小腿，成長的潛能則較為有限，即使積極訓練也不會像上半身肌肉一樣雄壯威武。

不幸的是，腹肌正屬於成長潛力有限的肌群。腹肌是核心肌群的一部分，負責維持人體直立與上下半身的力量傳導，在各種人體活動扮演輔助者的角色居多，並不善於大量的力量輸出。這樣的特性，使得腹肌對於訓練的反應特別差。積極的腹肌訓練可以增強耐力，增強力量輸出，但「不太」會讓它長大。

更糟的是，長期訓練腹肌而忽略其他身體肌群的發展，容易造成身體前後力量不平衡，姿勢不正確。現代人坐在電腦前面工作，身體長時間呈現蜷縮的姿勢，假如鍛鍊身體前方的肌肉，卻忽略後面眼睛看不到的部分，可能

會加劇彎腰駝背的錯誤姿勢，長久下來造成腰痠背痛，甚至椎間盤突出，不得不當心！

而在廚房練腹肌，當然不是要大家把瑜伽墊帶去廚房做仰臥起坐。我認為，要讓腹肌明顯的第一要務是消除腹部脂肪；而要讓腹部脂肪消失，正確飲食習慣是絕對必要的，也所以才會有 "Abs are made in the kitchen."（腹肌是在廚房裡練成的）一說。

不厭其煩地提醒大家：正確的飲食牽涉很多面向，但最重要的一點還是要吃「天然食物」，遠離高糖、高油、高鹽的「加工食品」，你離成功就不遠了。

◯ 天然食物

✕ 加工食品

Dr. 史考特 | 分鐘小叮嚀

　　看完了這篇，各位讀者應該會發現，坊間90%以上的練腹肌祕訣都不是真正有效的方法。消除體脂肪是擁有明顯腹肌的必要條件，而正確飲食觀念則是維持低體脂的必要條件。「腹肌是在廚房裡練成的」，沒有一樣瘦身產品、健身課程能取代正確飲食的重要性。

局部瘦身是迷思？

身體對於脂肪的運用與儲藏，似乎很有一些自己的想法；哪些地方會先瘦、哪些地方不容易瘦，都是先天決定好，不是局部運動就能改變的。

　　局部瘦身應該是健身史上最大的迷思，沒有之一，因為人們相信局部瘦身的可能性，所以「健腹機」、「7分鐘核心訓練」、「消除掰掰袖手臂操」才能如此風行。人人都希望能成為身體的雕刻師，把不想要的部位消去，把想要的部位變大。但局部瘦身真的做得到嗎？難道這只是人們的一廂情願？讓我來分享一些實證科學的看法。

▋ 仰臥起坐瘦肚子？

　　我找到一篇來自於1983年的文獻，正是要來測試「局部運動可以局部減脂」的說法是否為真。研究者找來了13位男性，讓他們進行一週5天，為期27天的仰臥起坐訓練。第一天，這些男生做了10組的仰臥起坐，每組7下，組間休息10秒鐘。一天70下，還好還好，聽起來尚可接受。

　　好景不常，研究者給予的訓練強度一天比一天高，到第27天時，這些男生做了14組仰臥起坐，每組24下，組間休息10秒鐘。這是名符其實的「仰臥起坐地獄」。

　　在27天內，這些受試者共做了5004個仰臥起坐，想必他們都練就了堅實的6塊肌──

意外的是，當研究者測量這些男生的體重、體脂、腰圍、皮下脂肪厚度時，他們發現仰臥起坐並沒有讓這些指標產生改變。說白話一點，5000下仰臥起坐不但沒有使他們瘦，更不會讓腹部長出冰塊盒。不過也不是沒有好消息，受試者的皮下脂肪被採樣分析後，研究者發現27天的仰臥起坐讓「脂肪細胞的平均直徑」縮小了，但這個變化並不僅限於腹部，其他身體部位的脂肪也產生類似情形。

照這個實驗的發現看來，5000個仰臥起坐可以縮小「脂肪細胞的腰圍」，但無法縮小「你的腰圍」。

▌局部訓練＝局部燃脂？

以上的發現可能還無法說服各位讀者放棄「8分鐘腹肌操」，我也相當了解這種心情，畢竟練完腹肌熱熱脹脹的感覺，「應該」多少對燃脂有幫助吧？可惜，真相是殘酷的，局部訓練真的不會局部燃脂。在另一篇2013年發表於《肌力與體能訓練期刊》的研究中，7男4女被給予以下的腿部訓練計畫：

- 12週，一週3次。

- 每次進行960～1200次的單腳推腿運動（Leg press）。

- 重量設定得相當輕，是高次數的肌耐力訓練。

簡言之，3個月內這群人只做一隻腳的耐力訓練，另外一隻腳是沒有接受訓練的。

假設局部訓練能刺激局部脂肪燃燒，我們應該會看到訓練的那隻腿變瘦，或至少變得精壯吧！做了34560～43200下的推腿運動（Leg press），再怎麼樣也該有些效果。

單腳推腿運動（Leg press）

但研究者在12週後的測量發現，雖然上半身的脂肪量顯著減少，下半身的脂肪卻是穩如泰山，一動也不動。單腳的訓練不但沒有讓接受訓練的那隻腳變瘦，反而還瘦到手臂、肚子這些不相干的部位！

Dr. 史考特　1分鐘小叮嚀

由以上兩個研究，我們可以發現訓練腹肌未必會瘦肚子，做腿部訓練未必會瘦大腿。身體對於脂肪的運用與儲藏，似乎很有一些自己的想法。哪些地方會先瘦、哪些地方不容易瘦，都是先天決定好的。如果你運動的目的是

局部瘦身，該部位的局部訓練不會是你的最好選擇。腹直肌、手臂後面的三頭肌都是小塊肌群，訓練它們並不會燃燒大量熱量，也未必會有局部雕塑的效果。

　　建議你不妨專注在大肌群、多關節的運動上，例如有氧的游泳、慢跑、健走，或是重量訓練中的硬舉、深蹲。高強度的重量訓練能刺激、加速新陳代謝，並在運動結束產生「後燃效應」，有持續燃燒熱量的效果。關於「後燃效應」，我會在後面Part 4「女孩也該重量訓練」做更仔細的介紹（p.227）。

　　同時，飲食更是減脂所不可或缺的，甚至比運動更重要。收起家裡「保證雕塑腹肌」的健腹機吧！找個教練或是朋友，一起到健身房裡做重量訓練才是獲得好身材的祕訣！

運動完,吃還是不吃?

運動完飢腸轆轆時,要不要硬ㄍㄧㄥ?吃還是不吃?能吃什麼?本篇要解除大家的疑慮!

我常被問到:剛運動完肚子好餓,這時候吃東西會不會吸收更快?會不會全部變成肥肉?要吃什麼才對啊?

「運動完,吃還是不吃?」這可是個大哉問!讓我來為大家簡單地解說一下:

就像汽車有油箱一樣,人體肌肉所需的燃料(肝醣)被儲藏在細胞內以備不時之需。不管是游泳、跑步、打籃球、重訓,只要是中等強度以上、會讓人感到喘的運動,或多或少都會消耗肌肉裡的燃料(肝醣)。

運動之後不補充養分、肌肉中的肝醣存量不足,會讓疲勞感持續,短期內的運動表現就不如平常水準,就好像開了汽車不加油一樣,等到下一次要上路的時候,就開不動啦!

如果你習慣空腹運動,或是個每天都運動的狂熱份子,運動過後補充碳水化合物能幫助你更快地從疲勞中恢復。

碳水化合物補充燃料、蛋白質修補肌肉

研究發現,運動後的肌肉因為承受了壓力及微小的損傷,此時如果補充一些蛋白質,提供肌肉必須的材料來自我修補,可以減緩甚至逆轉蛋白質流失的過程。

發表於2001年《美國內分泌與新陳代謝期刊》的研究也告訴我們：運動後立刻補充營養，能促進蛋白質合成達到平時的3倍之多。

如果你想要促進肌肉生長，那麼運動之後吃一些富含蛋白質的食物是個理想的習慣。

2006年，加拿大學者約翰‧貝拉第（John Berardi）找來6位單車選手，在60分鐘的訓練後，他們分別被給予：

• 蛋白質＋碳水化合物的補充品

• 碳水化合物

• 零熱量的安慰劑

結果他們發現，在熱量相等的前提下，碳水化合物與蛋白質加在一起，比單獨補充碳水化合物更能促進肝醣的增加。在下圖，我們可以見到三種不同營養品對於補充肌肉內肝醣的效果；肝醣的單位為mmol/L，亦即每公升體積的肌肉內含有多少「微莫耳」的肝醣分子。各位不理會這艱澀的名詞也無妨，從圖表上可以明顯看出，蛋白質與碳水化合物一起食用，效果更好！

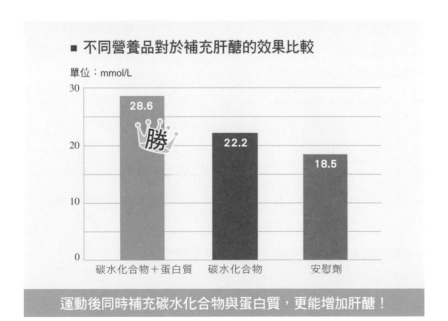

■ 不同營養品對於補充肝醣的效果比較

單位：mmol/L

運動後同時補充碳水化合物與蛋白質，更能增加肝醣！

▎ 運動後該怎麼吃？

歸納以上結論，中強度運動（如慢跑、游泳，或是任何一種會讓你有點喘，沒辦法講完一整句話的運動）之後應該要補充養分。運動後，肌肉細胞會打開細胞膜上的通道歡迎血液中的糖分進入，以補充消耗殆盡的肝醣庫存。此時吃下碳水化合物，提高血液中的糖分，正是投肌肉細胞所好。

此外，碳水化合物能提高胰島素的分泌、阻止運動後肌肉分解──也就是能夠抑制運動後肌肉因細微損傷，而導致的肌蛋白流失狀態。

講到這裡，我們來談談實際應該如何執行：

何時吃？

空腹運動的朋友（距離上一餐4小時以上），運動後應該盡快地補充養分；如果距離上一餐不到4小時，則盡量在運動後2小時內補充。如果上一餐才剛吃飽就去運動，運動後甚至完全不用補充熱量也沒關係。

吃什麼？

如果是以「增肌」或是「恢復體能狀態」為主要目的，碳水化合物應以能快速消化吸收的醣類（蔗糖、果糖都不錯）為主，想要喝含糖飲料、吃個餅乾或是麵包都可以。如果是以「減脂」為訴求，最好選擇高纖蔬果作為碳水化合物的來源，如地瓜、香蕉、蘋果等等。

蛋白質則盡量以動物性或「高品質」的植物性蛋白為原則，乳清、蛋、乳製品、肉類、豆類都是不錯的來源。如果剛好遇到用餐時間，吃一頓營養均衡的正餐當然是更好的選擇。

- 增肌或恢復體能狀態：能快速消化吸收的醣類，含糖飲料、餅乾、麵包＋動物性或高品質的植物性蛋白。
- 減脂：高纖蔬果＋動物性或高品質的植物性蛋白。

吃多少？

這端看個人的目標與進餐習慣而定。如果你的訓練目標是運動競賽，或是長肌肉增加重量，那麼每公斤體重攝取0.8克的碳水化合物與0.4克的蛋白質應該是一個最低標準。舉例來說，一個70公斤的成人若想長肌肉，運動完之後，至少要攝取56公克的碳水化合物與28公克的蛋白質。相反地，如果減重才是你的目標，那麼每公斤體重攝取0.4克的碳水化合物與0.2克的蛋白質，應該已經相當充足。因此一個70公斤的成人目標是減重的話，運動之後則是攝取28公克的碳水化合物與14公克的蛋白質。

> • 競賽或增加肌肉：每公斤體重→0.8克碳水化合物＋0.4克蛋白質
>
> • 減重：每公斤體重→0.4克碳水化合物＋0.2克蛋白質

Dr. 史考特 1分鐘小叮嚀

以上為一些運動後營養補充的原則性建議，但這絕不是適合每一個人的「金科玉律」。要知道，運動營養是個高度「客製化」的學問，每個人都有其獨特的生理特性，需要慢慢實驗、調整，才能掌握最理想的飲食策略。各位讀者可以把這些原則當成是一個出發點，由此慢慢去嘗試、記錄、調整方向。

希望本篇解除了各位讀者的疑慮，以後運動完飢腸轆轆時，不用再硬ㄍㄧㄥ啦！

▋ 一分鐘營養補充建議——想「增肌」

以一個「增肌、恢復、競賽」目的、70公斤的男性讀者舉例，可以考慮以下食物選擇來暫時滿足修復肌肉的需求。

[便利超商]

說實話，便利商店食物大多低纖維，更缺乏蛋白質，符合標準的並不多。不過，以下是各位可參考的選擇。

／ 香蕉 1 根 + 800cc 牛奶（你沒看錯，牛奶的蛋白質含量其實不高，要喝很多才夠！）

／ 中等大小地瓜 1 條 + 4 顆茶葉蛋

／ 1 份雞腿肉三明治（如有減脂需求宜避免，吐司是精製澱粉！）

香蕉 1 根　800c.c 牛奶　中等大小的地瓜　4 顆茶葉蛋　雞肉三明治 1 份
（但如果要「減脂」，最好避開食用麵包。）

[外食]

以高纖維、高蛋白、低加工為原則。

／ 雞腿便當：雞腿能提供足夠的蛋白質，白飯則應視個人體型與目標斟酌食用；當然，高纖的蔬菜越多越好。

／ 自助餐：可以選擇相對健康的食材，也是史考特的「外食綠洲」。挾一手掌大小的瘦肉，搭配一碗白飯即能滿足上述營養需求，而且也是蔬菜越多越好。

／ 燒臘飯、便當：我並不認為這些是最健康的選擇，但就營養價值來說，它們可以提供足量的蛋白質與碳水化合物，假如澱粉量不過多，確實是可以助你度過運動後的恢復期。

雞腿便當（飯量視個人體型與目標斟酌食用。蔬菜越多越好。）　或　自助餐（手掌大小的瘦肉搭配一碗白飯。蔬菜越多越好。）

▍一分鐘營養補充建議——想「減重」

以一個「減重」為目的、70公斤的男性讀者而言，運動後可以考慮以下的食物建議。

[便利超商]

／ 1 顆蘋果 + 400cc 牛奶

／ 小地瓜 1 條 + 2 顆茶葉蛋

／ 乳清蛋白是高品質的蛋白質來源，在小容器裡裝一份隨身攜帶，運動後加水溶解即可輕
鬆飲用，再搭配高纖維的水果作為碳水化合物來源，相當理想。

1 顆蘋果　　400cc 牛奶　　　　　小地瓜　　2 顆茶葉蛋

乳清蛋白飲品＋高纖水果（如鳳梨、葡萄柚、柳丁等等）

[外食]

依然以高纖維、高蛋白、低加工為原則。

／ 雞腿便當（半份）：如同上述所說的，雞腿能提供足夠的蛋白質，並不會建議大家雞腿
吃一半，畢竟蛋白質是「相對不易致胖」的營養素，但白飯就最好減半食用囉！

／ 自助餐、燒臘飯、便當：同上述原則，分量減半即可。

雞腿便當（雞肉 1
份、白飯半份。）

或

自助餐（小塊瘦肉搭
配半碗白飯。）

但是我提醒，沒有什麼比一餐營養均衡的餐點更能幫助增肌減脂了，以
上的範例僅供「緊急補充用」喔！

我們應該相信
電阻式體脂計嗎？

使用電阻式體脂計，最好在相同環境、條件下做測量，而且別忘了
結合體重、腰圍、拍照等各種方式，才是比較完整的評估！

「欸！我那天去健身房用體脂計測量體脂，結果測出來18%耶！
教練說我這樣太胖了不行。」

「史考特，我用體脂計測出來體脂22%，可是我看起來明明就不
胖啊……為什麼會這樣？」

以上是很多人問過我的問題，接下來我想和大家談談這個測量體
脂的「電阻式體脂計」。由於方便、迅速、便宜、無侵入性，許多家
用體重計都有附加體脂測量功能，加上連鎖健身房與健檢中心的大力
推廣，體脂率繼體重、BMI之後，成為大家拿來「比拚」身材的最新
標準。

可是你有沒有想過，這樣量出來的數值真的準確嗎？

一般市售體脂計皆屬於電阻式體脂計，讓我來簡單解說其設計原
理：人體有60%以上重量是水，血液是水、組織液是水，細胞裡面還
是水。肌肉的含水量高，所以肌肉組織多的人，身體的導電性就越好
（或者說電阻越低）；而脂肪的含水量低，所以肥胖的人，身體的導
電性就差（電阻越高）。

根據這個原理，我們可以讓一道微小的電流穿過身體，測出電阻
後，推估出使用者體脂率是高是低。

▎電阻式體脂計真的準確嗎？

為了研究電阻式體脂計的準確度，明尼蘇達大學的學者們替254位年輕女性（14～20歲）測量體脂肪，第一次是用電阻式儀器。緊接著，大學教授們搬出目前最先進、最精準、最潮的體脂測量工具「DXA」，再為這些妹妹測量一次。

DXA是一種相對準確的身體組成分析法，以儀器發出2種不同強度的X光掃描身體，再以數學方式推算出體脂率。目前DXA也廣泛地被使用在骨質密度分析上。

結果，電阻式儀器嚴重地低估了小妹妹們的體脂率。

電阻式儀器測量體脂率並不準確

而且這個低估的程度，在亞裔美國人之中更為嚴重。

電阻式儀器會低估亞裔美國人的體脂率！

更糟的是，電阻式體脂計高估瘦子的體脂率，卻低估了胖子的。下圖為不同胖瘦的受測者，接受電阻式體脂計的測量時所產生的誤差。因為美國是個「族群大熔爐」，而各人種在體型上又各有差異（例如碧昂絲Beyoncé的身材，在亞洲人中就比較少見），所以學者特別將不同種族分開統計。我們可以從圖表上看到，纖瘦的非裔美國人體脂往往被儀器高估，肥胖的卻被低估。更慘的是，亞裔族群不管是胖是瘦，體脂都被嚴重低估了。台灣或亞洲血統的讀者們，以後測出漂亮的數字也先別高興，說不定機器根本沒測準！

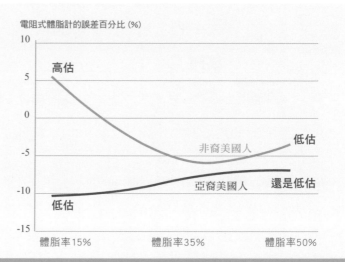

電阻式體脂計的誤差百分比 (%)

高估

低估

非裔美國人

亞裔美國人　還是低估

低估

體脂率15%　　　體脂率35%　　　體脂率50%

電阻式體脂計的誤差，會隨著受測者的胖瘦而改變！

❶ 前述2013年的芬蘭研究中，一週2天有氧加2天重訓的組別，經過12週總共運動了84天後，用DXA測量發現，僅減去1.1公斤脂肪，增加0.8公斤肌肉，效果實在不大理想！這又呼應了我一直強調的觀念：**腹肌是在廚房裡練出來的！**

這並不是個案，2008年的芬蘭研究也發現：市面上最常見的T牌與I牌兩種電阻式體脂計，估出的體脂率要比DXA少了2～6%。2013年，芬蘭人再次發難❶，讓97位女性進行21週的有氧與重量訓練，結果僅有DXA能偵測出訓練達成的增肌減脂成效。因為電阻式體脂計低估了脂肪減少量與肌肉增加量，顯示不出訓練前後差異。如果運動了21週，體脂計卻欺騙你的感情，說你一點也沒瘦（也沒變壯），這不是很讓人感到洩氣嘛？

▎干擾電阻式體脂計準確性的因素

　　既然家裡的體脂計是靠測量電阻來推估體脂率，那麼所有可能影響身體導電性的因子，都有可能干擾體脂計的準確性。這包括了：

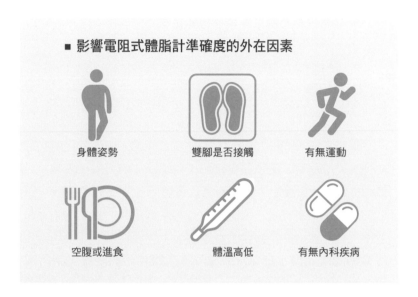

　　雖然說上述個別因素的影響有限，但合在一起就能造成可觀誤差。舉個例子：同一個人早上起床後，空腹慢跑30分鐘後所測得的體脂率，與在冷氣房內吃晚餐之後測得的數值可能相差甚遠！

　　本篇的大重點是：不要過度執著於體脂計告訴你的數字！我們真正想要的是健美體態，而不是機器螢幕上的數值，對吧？如果一定要用體脂計，請跟自己過去的數值比就好，人與人之間的比較往往會有很大的誤差。另外，請每次皆保持在相同狀態下測量，例如每週一早晨起床尚未進食前，如此才不易產生誤差。

難以捉摸的基礎代謝率

少吃時，身體就消耗得少，大吃大喝之後即使坐著休息，身體還是能燃燒多餘的熱量。所以，千萬別認為基礎代謝率是一個固定數字，或是能用身高體重等數值換算出來！

常聽許多減重中的朋友這麼說：「我一天的基礎代謝率約在XXXX大卡左右，所以如果我每天只吃OOOO大卡，我幾天內應該可以瘦N公斤。」沒錯，我們都喜歡確實的數字，我們喜歡可以控制一切的感覺，但事實是，人體是一台非常難駕馭的機器，不僅精密、有效率，有時還有許多自己的自主意志；想要控制它，要用對方法，不然只會兩敗俱傷。在面對節食時，人體會節約能源，讓新陳代謝減緩，減重因而遇上撞牆期。有趣的是，當你大吃大喝時，身體也會努力加班，去燃燒多餘的能量。不相信嗎？請看以下研究：

▎ 詭異的暴飲暴食實驗

這篇研究刊登在1988年《美國臨床營養期刊》上，研究者想要測量人體儲存碳水化合物（肝醣）的能力，所以他們決定讓可憐的受試者挑戰胃容量的極限。受試者在7天的時間內被強迫吃下多至5000大卡的食物，其中86%的能量都來自碳水化合物。具體一點來描述，這些可憐人在一星期內狂塞貝果、麵包、義大利麵、水果等高澱粉、高碳水化合物食物，僅有14%的熱量來自脂肪與蛋白質。

要知道碳水化合物是非常膨鬆的東西（想想麵包、貝果），單位重量的熱量又低（每公克4大卡），要吃下體積驚人的量，才能達到每日5000卡的目標。這個實驗真的是走在醫學研究倫理的邊緣上啊！

實驗結果記錄在下面的圖表中。圖表總結了這篇研究的發現,圖中的深藍色格子為每日消耗的總熱量,綠色的格子則為每日攝取的總熱量,兩者之間的差距就是儲存起來的熱量。

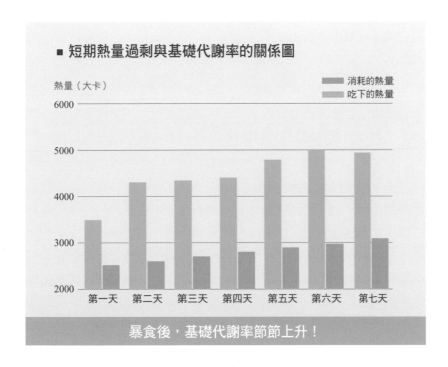

各位可以看到消耗掉的熱量與吃進去的熱量都一天比一天高,這中間是怎麼一回事?原來,學者發現,在強制性暴飲暴食之下,受試者身體自動地開始燃燒更多能量。請記得這個實驗是來測試人體儲存碳水化合物的能力,因此研究者為了保持熱量過剩,第二天的食物必須加量。結果身體又燃燒更多熱量,學者又被迫加強餵食,一來一往之下,才造就了這樣階梯狀上升的圖表。

本研究中,受試者並未從事運動且24小時都住在實驗室裡,絕不是因為他們偷偷去慢跑才消耗比較多熱量!大吃大喝後即使靜靜坐著休息,人體還是能夠燃燒多餘熱量的。

Dr. 史考特 1分鐘小叮嚀

　　這篇研究配合我之前寫過的文章，你會發現人體是一套適應力優異的系統，給它很少燃料，它就用節能模式運行；給它太多，它就加班運作，把多餘的消耗掉。

　　所以千萬別認為基礎代謝率是一個固定的數字，或是可以用身高體重等數值換算出來，也因此許多對數字特別執著的減重者，常常會發現「數字兜不起來」。為什麼我已經努力消耗的這麼多熱量，卻沒有得到相對應的減重成效？

　　目前仍無有效操縱基礎代謝率的手段，如果有，我想也不會有那麼多人受體重問題所苦了吧！因此我建議減重的朋友，不必執著於「虛無飄渺」的基礎代謝率，多關注體重、腰圍的改變，並依照它們的變化來決定飲食及運動策略。當體重順利下降時，依照原本的飲食運動習慣繼續努力吧！但減重停滯不前時，代表我們的熱量消耗已經等於支出了，既然基礎代謝在我們掌握之外，不如就好好調整可以掌握的熱量攝取與活動耗能，來讓體脂進一步下降！

　　此外，控制食物的「質」是大重點。多吃天然食物，少吃人造加工食品，尤其是糖與精製碳水化合物，如此，你離成功就不遠了！

用運動逆轉肥胖宿命（而且頭好壯壯！）

儘管每個人的基礎不同，但透過後天的努力，絕對可以在某個程度上扭轉命運，讓自己的健康、體態、聰明才智變得更好！

　　減重遭遇挫敗時，心中最容易浮現這樣的念頭：「我就是遺傳不好，再怎麼努力也是沒用的！」緊接著是一連串的兵敗如山倒：將失敗合理化、自暴自棄、放棄先前努力的成果，最後體重回復到原點，心情更加沮喪，進入永無止境的惡性循環中……我要從源頭來打破這個惡性循環。

　　遺傳會影響人的胖瘦體態，不過它絕不是唯一的決定因素。2015年，芬蘭學者羅登史坦（Rottensteiner M.）發表了一篇相當有趣的文獻，進一步證實了「人定可以勝天」。「遺傳不如人」絕不能當作自我放棄的藉口，我們來看看最新的科學研究怎麼說。

▌著名的芬蘭同卵雙胞胎研究

　　我今天會長成這副德性，除了來自爸媽的基因以外，也同樣受到後天因素的影響，飲食、運動習慣，甚至教育水準、工作環境等條件，共同塑造了每個人最終的樣貌。在這些複雜的交互作用下，要研究個別因子如運動、飲食對體重造成的影響，就變得非常困難，因為我們永遠都不知道有多少肥胖成分是來自遺傳，又有多少是後天自己造的孽。

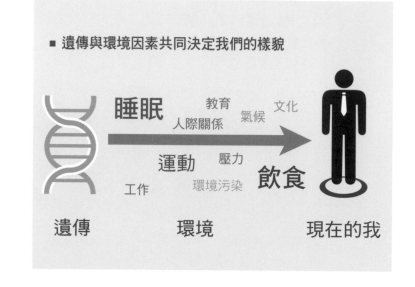

■ 遺傳與環境因素共同決定我們的樣貌

睡眠　教育　氣候　文化
人際關係
運動　壓力
工作　環境污染　飲食

遺傳　　　　環境　　　　現在的我

❶ 最 大 攝 氧 量
（VO2 Max）：
是指人體在進行最
激烈的運動時，所
能攝入的最高氧氣
含量，這是反映人
體有氧運動能力及
心肺能力的重要指
標，也是有氧運動
能力的基礎。傳統
是用跑步機或腳踏
車作為檢測工具，
讓受試者持續運動
並漸漸增加強度，
測驗中進行採氣並
以儀器分析每一分
鐘的攝氧量，找出
最高數值，就是
最大攝氧量VO 2
Max（ml/min）。
ml/min是VO 2
Max絕對值的計
算方式，而VO 2
Max相對值則是
要加上個人的體重
來計算，單位就變
成ml/kg/min。一
般人的相對值為
45ml/kg/min，運
動員約為60～70，
頂尖選手可達80以
上。

　　也因為這樣，同卵雙胞胎的研究就顯得特別有價值。讓遺傳基因一模一樣的兩個人生活在不同環境中，能讓我們排除遺傳因子干擾，分離出環境因素的影響，而這正是芬蘭人所做的事——芬蘭學者從他們國家的人口資料庫中，抓出202對男性同卵雙胞胎進行長期追蹤。

　　雙胞胎因為基因相同，又通常住在同一個屋簷下，生活習慣往往極為類似，但幸好，研究者找到10對運動習慣相差極大的雙胞胎：一位熱愛運動，一位是沙發馬鈴薯。這些雙胞胎們的獨特處境，讓他們成為了肥胖研究中珍貴而稀有的寶貝。基因相同、運動習慣卻不同的雙胞胎，會產生什麼樣的差異呢？

　　學者將這些雙胞胎聚集在一起，抽血、測量體脂、有氧運動能力、並以先進儀器掃描腦部結構。學者將雙胞胎們每天運動的時間乘以強度，算出一個叫「LTMET」的數值。

LTMET沒有中文翻譯，但簡而言之，運動的強度越強、時間越長，這個
數值就會越高。學者發現，喜愛運動的那組雙胞胎LTMET值平均為3.9，這相
當於每天慢跑30分鐘的運動；而不愛運動的對照組LTMET值僅有1.2，其「沙
發馬鈴薯」的程度可見一斑。

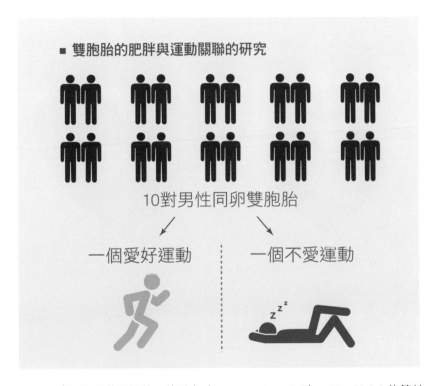

雙胞胎間平均活動量相差 3 倍以上（LTMET 1.2 vs 3.9），LTMET 3.9 約等於
每天慢跑半小時或快步走 1 小時。

　　此外，學者從抽血數據卜發現，喜愛運動組的空腹胰島素濃度低、胰島
素敏感度較高，這代表他們的代謝健康更好，未來發生糖尿病的機率更低。
　　至於在有氧能力方面，雙胞胎們接受了漸進強度的腳踏車測試，藉由測
量呼吸氣體，研究者發現愛運動組的最大攝氧量（又名VO2 Max, Maximal
oxygen consumption）❶較高，這意味著他們的有氧運動能力較佳。

在有氧能力上，雙胞胎中習慣運動者的VO2 Max平均為43.6ml/kg/min，較不愛運動者的37.3ml/kg/min高出許多。

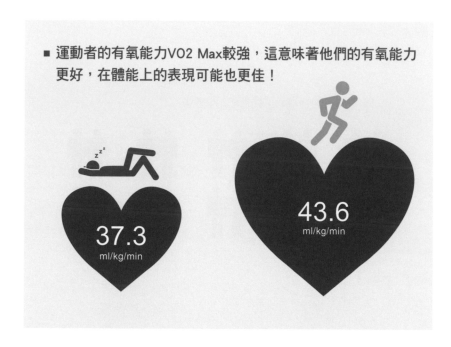

　　另外，運動者的體脂率為20.7%，也勝過不愛運動者的24.0%。

至於在空腹胰島素的較量上，運動組以3.2μU優於不運動組的4.5μU。

■ 運動者的空腹胰島素濃度較低

4.5μU

3.2μU

空腹胰島素低，
身體代謝好，
降低罹患慢性病的
風險！

最後，在胰島素敏感度（HOMA-IR）上，運動組是0.8，贏過不運動組的
1.1。這意味著運動組的代謝狀況健康較佳，罹患糖尿病的風險降低。

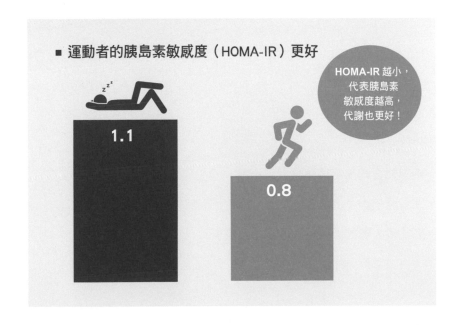

■ 運動者的胰島素敏感度（HOMA-IR）更好

1.1

0.8

HOMA-IR 越小，
代表胰島素
敏感度越高，
代謝也更好！

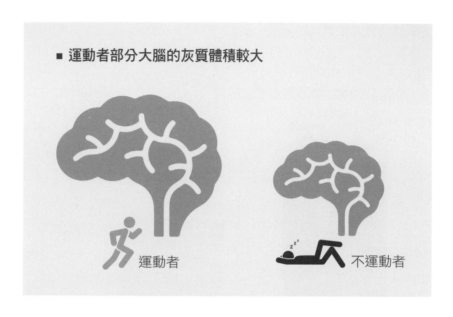

■ 運動者部分大腦的灰質體積較大

運動者　　　　　不運動者

更驚人的是，研究者以核磁共振掃描雙胞胎腦部時，發現喜愛運動的雙胞胎在大腦基底核與前額葉皮質區的灰質，明顯比不愛運動的對照組多。

大腦灰質是我們腦部神經核所在的位置，隨著年紀增長，這些重要的區塊往往會開始萎縮。通常年輕人的大腦結構穩定，在邁入老年之前應不至於有顯著變化，因此本研究的發現特別令人驚奇。據推測，這可能是因為運動者常常使用大腦內控制與規劃動作（Motor-planning）的神經，使得這個區塊比普通人發達。我們以後可以很有信心地跟別人說：「哥／姊在健身房練的不只是肌肉，哥／姊練的是腦！」

而過去的神經學研究也告訴我們：

• 腦部灰質減少可能與糖尿病相關

• 灰質體積縮小的老年人的步行速度明顯較慢

• 有比較大顆的大腦應該不是什麼壞事

另外，有值得注意的幾個點：

- 這些雙胞胎在20多歲時的運動習慣是相似的，僅在邁入中年後因家庭生活與工作，而產生差異。

- 研究者調查發現，雙胞胎間的飲食習慣並沒有差異。也就是說，我們看到的這些體脂、有氧能力差異，大多是源自於運動習慣不同。

- 綜合以上兩點，我們可以說僅3年的運動（或不運動）就能對健康產生明顯的影響。

人們在遺傳條件上是生而不平等的。有些人大吃大喝、抽菸、飲酒一輩子也不發胖，不生病；有些人宣稱他們只要一天不跑步、不節食，體重就會開始上升。儘管出發點不同，透過後天的努力，我們絕對可以在某個程度上扭轉命運，讓自己的健康、體態、聰明才智變得更好。

起跑點一模一樣的雙胞胎，經過僅3年的運動（不運動）後，身體竟產生如此大的差距。各位讀者，你希望自己3年後變成什麼樣子呢？

飲食決定
你的身材

我一直深信飲食比運動還要重要得多。

如果想減肥，卻只是運動而不控制飲食，

就好像大學聯考只念了公民就上場。

有幫助嗎？當然有。

會不會考上台大呢？絕對不會。

Part 2 ｜引言｜

一同遊覽營養科學的
巨型迷宮

//

　　寫作了一段時間之後，有時會遇到讀者向我反應：「不是一分鐘健身教室嗎？怎麼都在寫吃的？」回過頭來看看，我也意外地發現自己大部分文章是在寫飲食。想當初我可是因為對健身的熱情才一頭栽入寫作的啊！反思了一陣子，我得到了兩種解釋：

1. 飲食對增肌減脂至關重要，網路上空有一堆腹肌訓練教學，卻很少飲食方面的資訊。

2. 現有的資訊大多都過時、不完整，甚至充滿迷思，促使我往這方面深究。

　　我一直深信飲食比運動重要得多。有一句流傳在健身圈的俏皮雙關語是："You can't outrun a bad diet." 翻譯起來，第一層意義是「你永遠逃不過糟糕飲食的追殺」，第二層

意義是「不管你怎麼慢跑，也無法戰勝糟糕的飲食」。臨床研究一致同意，光靠運動瘦身的效果奇差無比。舉例來說，想減肥只運動不控制飲食，就好像大學聯考只念了公民就上場，有幫助嗎？當然有；會不會考上台大呢？絕對不會。

　　這是我的重心漸漸移到飲食的第一層原因。第二層原因是目前網路流傳的資訊不僅過時，還充滿許多謬誤。營養是每個人每天都會面對到的問題，中午該吃什麼？去菜市場該選紅肉是白肉？它是貼近生活的學問，似乎每個人都能發表一些看法，但營養學還是一門科學，再多的個人經驗、主觀認定，都不會比一篇設計嚴謹的研究來得可信──儘管驗證高蛋白飲食減重成效的文獻已經堆積如山高，卻還是有人在強調、鼓勵少吃肉；低碳飲食的減重效果良好，卻還是有專家針對醫學界從未記載過的副作用提出警告，還有更多天外飛來一筆，不知要從何反駁的說法。

　　飲食科學是最難以研究的學問之一，人們的飲食習慣極其複雜，加上各國飲食文化、生活習性不同，營養素之間交互作用，要得出像物理定律般的規則是不可能的，也讓讀懂營養學研究變得特別困難，因此需要學習科學方法、前輩指導、自己的經驗累積、好的眼藥水，還有很多咖啡。當然，不是每個人都有時間念書，所以現在請挑個舒服的姿勢坐好，讓我帶各位讀者遊覽營養科學的巨型迷宮吧！

節食真的不會瘦！

節食法為何總逃脫不了復胖的命運？因為你減去的是水分，而不是肥肉！長期看來不但沒有幫助，甚至可能有害。

　　許多讀者應該都有嘗試節食減肥卻復胖的經驗吧！節食方法五花八門，不管是「蘋果減肥法」或是「蜂蜜水減肥法」，只要是以短時間內急遽減少熱量攝取的手段來減肥，都可被歸類為「節食法」。

　　節食法在執行的前幾天通常成效顯著，不僅體重快速減輕，腰圍也小了一圈。但好景不長，節食者往往在節食7到10天後隨即遇到瓶頸，這段時間不管再怎麼少吃，體重還是停在原點無法持續下降。當節食造成的身體不適加上體重停滯的挫折感，使得節食者回歸原本飲食習慣後，體重又毫不留情地回復至節食前的標準。

　　有些人將減肥失敗怪罪於自己毅力不足，而重複地以節食法減肥，讓體重上上下下有如雲霄飛車一般，我們稱之為「溜溜球效應」（Yo-yo effect）。專家警告，這樣的減肥方法不僅容易復胖，更會對健康造成嚴重傷害。要了解節食法為何總逃脫不了復胖的命運，我將節食歷程分為三階段來介紹，並依序說明面臨節食時，人體在各階段產生的對應變化。

▍快速瘦身期：水分流失

　　為什麼節食瘦身初期效果很好，後來卻容易碰上撞牆期？這是因為你減去的是水分，而不是肥肉嘛！開始節食的前幾天，人體為了應付熱量短缺，會燃燒體內儲存的肝醣來作為能量來源。而肝醣有個奇

妙的特性，就是它會挾帶大量的水分。科學家發現，1公克的肝醣能夠抓住4公克的水分，也因此當體內的肝醣庫存量降低時，水分會隨之大量流失，造成體重下降。

另外，節食不可避免地會降低鹽分與電解質的攝取，這會造成腎臟排出更多水分。臨床上，醫師常吩咐嚴重水腫的病人限制鹽分攝取，以幫助體內水分排除，是一樣的道理。換言之，節食初期有的體重下降，大部分是由於水分流失而來，而非脂肪被消耗的結果。事實上，短期的體重變化幾乎都可歸因於水分。

也許你早上醒來發現自己輕了1公斤，但人體是不可能一夜之間燒掉1公斤脂肪的。太迅速、太劇烈的體重變化都與水分有關。因此，體重變化應該看長期趨勢，不要被短期的高低起伏給矇騙了！

▍減重停滯期：基礎代謝率下降和肌肉組織流失

節食減重初期也許成效驚人，但體重下降時幾乎都會遇上所謂的「撞牆期」，接著我們要來聊聊造成減重停滯的原因：在食物攝取不足的情形下，人體的自我保護機制會削減一切次要的能量支出以確保存活。

在一份2007年的美國研究中，12位受試者進行長達6個月的超低熱量飲食，每日僅攝取890大卡的熱量。到了第六個月時，他們的體重雖然降低了超過10公斤，但同時基礎代謝率也每日減少了150大卡之多。150大卡聽起來不是個大數目，但每日少代謝了150大卡，那些多出來的熱量一點一滴地累積起來，只要46天就能讓您增加1公斤肥肉。

在缺少熱量的情形下，人體除了節能，還會分解肌肉中的蛋白質供體內重要生理機能使用。肌肉是耗能的組織，肌肉的質量增加，基礎代謝率也會跟著顯著提升；肌肉的質量減少，基礎代謝率也會因此降低。節食所造成的肌肉流失降低了身體消耗的熱量，也是體重不再下降的原因之一。所以說節食一段時間後體重不再下降，代表身體的熱量支出已經降低到與熱量攝取相等。此時如果用更嚴格的節食來突破瓶頸，雖然能讓體重進一步下降，但也會大幅增加維持飲食的困難度，也難怪減重大不易！

▎節食後的復胖期

千萬年來，飢餓是人類生存的一大威脅，也難怪**飢餓會伴隨劇烈的身體不適、心理壓力與負面情緒**，讓長期節食成為一個不切實際的夢想。在不得已回歸正常熱量飲食後，人體就像是一塊乾癟的海綿，迅速地吸收所有熱量以修復失去的脂肪與肌肉。自然地，體重也回復到節食前的標準了。

另外，正常熱量的飲食補充體內耗竭的肝醣，使原本流失的水分重新進入身體。這個現象可以解釋為何停止節食後的前三天，體重會像火箭般一飛沖天。除了復胖，研究更指出節食造成的體重劇烈變化，與腹部脂肪堆積（又稱中心肥胖）、心血管疾病風險、情緒問題，死亡率都有正向關聯性。

Dr.
史考特　　1 分鐘小叮嚀

節食可以幫助你在短期之內減去不少體重，但長期看來不但沒有幫助，甚至可能有害。我對於想要減重的朋友有以下幾點建議：

- 採取溫和緩慢的改變，短期而劇烈的作法很難維持長久。

- 注意食物的質與量，「吃了什麼」與「吃了多少」一樣重要。

- 仔細記錄體重、體脂肪、腰圍、體態的變化，才能掌握各種飲食、運動對身體的影響。

- 在專業人士的監督下，進行適量的體適能訓練。

肥胖會不會遺傳？

遺傳的確會影響人們的體態，但絕不是最主要的決定因素；後天環境、飲食、運動習慣、生活形態才是最能決定人們胖瘦的關鍵。

　　人生而平等，這是現代社會的普世價值。但造物者似乎不這麼想。有些人長得高、有些人生得瘦、有些人擅長數學、有些人是運動健將，每個人都有不同的、與生俱有的特徵，不難想像，身體堆積儲存脂肪的能力也與遺傳有關！我要來與大家聊聊，究竟肥胖會不會遺傳？基因真的是決定身材的關鍵嗎？

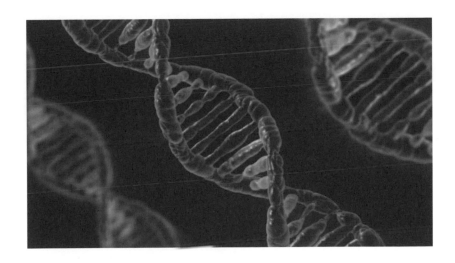

基因決定命運？

　　加拿大學者布查德（Bouchard C）在1988年《國際肥胖研究期刊》上發表了文獻，研究來自409個家庭的1698名對象，嘗試要找

出遺傳、環境與體脂肪囤積的關係。這邊先跟各位讀者解釋：除了遺傳因素之外，生活習慣、價值觀也會傳給下一代，例如從小生長在西式飲食的環境下，長大後更有可能會偏好牛排、沙拉；父母熱愛戶外運動的家庭，小孩可能更活潑、更喜愛活動筋骨，反之亦然。父母不僅將基因傳給後代，生活習慣也會。

回歸正題，在分析過1698位受試者的身體指標後，布查德等人歸納出：

- 全身皮下脂肪的多寡，有40%是由遺傳與家庭生活形態所決定，剩下的60%則是受家庭以外的社會、環境所影響，或者我們可以說：「是自己造的孽。」

- 全身皮下脂肪的分布形態，有60%是由遺傳與家庭影響而決定，剩下的40%來自其他的環境因素影響（例如公司上司天天帶你去應酬）。

- 但遺傳因素只影響25%的體脂率、體脂肪量、體脂肪分布。

也就是說，雖然遺傳與非遺傳因子（又總稱「可傳遞因子」，意即所有不管先天後天，會影響後代的因子加在一起）對人的體態影響不小，約占50%左右，但光是遺傳因子對胖瘦的影響，其實不過25%左右！1988年的《加拿大運動醫學期刊》上，布查德另一個針對18073位加拿大居民所做的調查也顯示，軀幹上的脂肪量與脂肪分布約有30%左右是由基因所決定，但後天環境因素對各種體能指標、體脂肪、體型占50%以上的決定權重。

雖然不同研究得出來的數字稍有不同，但我們可以很清楚地發現：遺傳的確會影響人們的體態，但絕不是最主要的決定因素。後天環境、飲食、運動習慣、生活形態才是最能決定人們胖瘦的關鍵，可別什麼都怪到遺傳頭上！

▊ 著名的雙胞胎實驗

同卵雙胞胎的DNA來自同一顆受精卵，遺傳因子完全相同，這給科學研究一個很好的著力點，將先天與後天因子的影響力完全區隔開來。只要能找到數對同卵雙胞胎，給予他們一些特定的環境刺激，觀察每對雙胞胎「之

中」與「之間」的反應，就能歸納出遺傳因子到底影響我們多少？這正是布查德在1990年發表於《新英格蘭醫學期刊》的「同卵雙胞胎的過量進食反應」研究所做的事情。

12對（共24人）男性同卵雙胞胎被收入研究，他們每週6天要吃超過身體所需1000大卡的食物，共維持100天。這是一個有計畫的暴食研究，不意外地，受試者平均胖了8.1公斤，但有人只胖了4.3公斤，有人卻胖了13.3公斤。

進一步分析數據，會發現不同對雙胞胎間的體重變化差異很大，同一對雙胞胎的表現卻很相近。這告訴我們：熱量過剩時，遺傳會決定哪些人變成大胖子，哪些人保持苗條。

下圖的每個藍點代表一對雙胞胎，該點的橫軸與縱軸座標代表他們分別胖了幾公斤。藍點越靠近中間的斜線，則代表雙胞胎兩人增加的重量相同。圖中的點大多集中在斜線附近，這代表同一對雙胞胎間的「表現」很類似，但不同對雙胞胎之間的差異卻非常大。

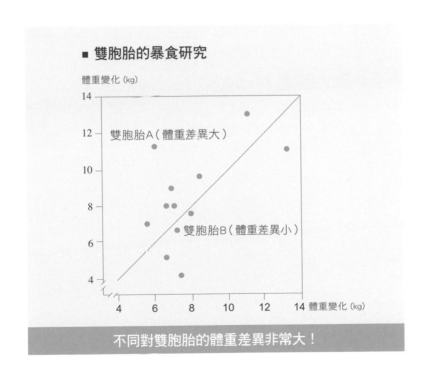

■ 雙胞胎的暴食研究

不同對雙胞胎的體重差異非常大！

附帶一提，研究者歸納出遺傳最多只占50%的決定因素，其他50%都來自後天因子。

Dr.
史考特　1分鐘小叮嚀

根據大規模的人口研究以及實驗室裡的雙胞胎實驗，學者發現遺傳雖會影響人們的胖瘦體態，不過它絕不是最重要的決定因素。後天因素，也就是**我們可以控制的飲食、運動習慣，才是主宰身材的關鍵**。個人認為，在健康飲食、適度運動的情況下，絕大部分人都能維持健康美好的體態，只有極為極為少數、遺傳特殊的朋友，即使維持嚴格規律的生活習慣，還是得一輩子與肥胖奮戰。

不幸的是，現代生活的環境壓力大、汙染多、活動量縮減、健康食物的選擇更是少得可憐，在種種後天因素的作祟下，遺傳不差的人們也變得肥胖臃腫；在現代的環境裡，反而只有遺傳優異的能維持健康體態。

所以請各位別再怪罪自己的遺傳不如人了！研究已經清楚地告訴我們，後天環境才是肥胖盛行的元凶！改變生活形態、少吃加工食品、進行適量的有氧運動、重量訓練才是通往健康體態的捷徑！

基因決定
你和澱粉的緣分

遺傳因子的差異使得有些人能狂吃垃圾食物也不發胖，有些人每天奉行白饅頭白開水的低脂飲食，健康卻越來越差。所以，未必每個人都適合同樣的飲食方式。

為什麼有人吃得清淡也會胖，卻有人餅乾零食沒在怕？問題可能出在遺傳基因！

我常聽人說：「我吃得很簡單、很清淡，但就是瘦不下來。」懷疑論者可能認為這是「為自己不運動找藉口」或是「嘴上說一套，私底下『吃』一套」，但從本篇研究我們可以看出，未必每個人都適合同樣的飲食。在某些遺傳特徵的人身上，攝取「清淡」的高澱粉飲食反而可能招致肥胖、糖尿病！

▎農業發展與人類飲食的因果關係

澱粉在人類歷史中，其實並不一直是主角。根據考古學研究，人類在一萬年前才發展出農業。在這之前，我們祖先吃的是什麼？儘管尚有爭議，史前的人類飲食隨著氣候環境不同，應該從野生植物、水果、堅果、昆蟲、植物根莖，到蛋、魚類、小動物、大動物（脂肪、肌肉與內臟都吃！）無所不包。

少了稻米、小麥等農作物，當時的人類是吃不到大量澱粉的，更別說麵條、麵包、砂糖等精製澱粉。在農業發展改造人類文明後，人體也勢必受到重大衝擊❶。

史前時代的人類以狩獵採集維生

　　為了適應飲食文化變遷,人體主掌消化吸收的基因也開始發生微妙的變化。唾液中的澱粉酵素負責在嘴巴裡初步消化澱粉,讓一小部分的澱粉分解成小分子醣類。某些讀者可能還記得學校的生物實驗課:把口水滴入澱粉與碘酒的混合溶液中,口水中的澱粉酵素就會把澱粉分解為醣類,讓溶液顏色從藍紫色漸漸變為黃棕色。

　　有趣的是,飲食習慣不同的族群在天擇的篩選下,唾液澱粉酵素的含量也產生了差異。2007年《自然遺傳學期刊》的一篇文獻,蒐集了世界各地人種的血液樣本,從農業發達的歐裔美國人、日本人,到很少吃澱粉的游牧民族、熱帶雨林原始部落。(想像一下要進熱帶雨林抽土著的血有多困難!)各種族間的口水究竟有什麼不同?

　　我們來看看研究成果的統整。橫軸代表澱粉酵素的基因數,而縱軸代表擁有該基因在總人口中所占的比例。紅色的曲線圖高峰平均比較靠左、藍色的靠右,這代表農業民族普遍擁有更多澱粉酵素基因。

❶ 某些溫帶地區原始部落以樹薯、地瓜等澱粉類植物根莖為主食,所以並不是完全吃不到澱粉,只不過顯然是比炸薯條健康很多的澱粉。

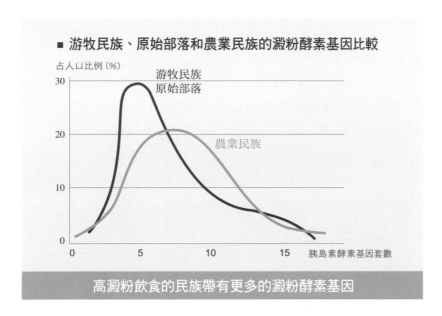

■ 游牧民族、原始部落和農業民族的澱粉酵素基因比較

占人口比例（%）

游牧民族
原始部落

農業民族

胰島素酵素基因套數

高澱粉飲食的民族帶有更多的澱粉酵素基因

不意外地，擁有越多套澱粉酵素基因的人們，也被發現擁有更多的澱粉酵素。

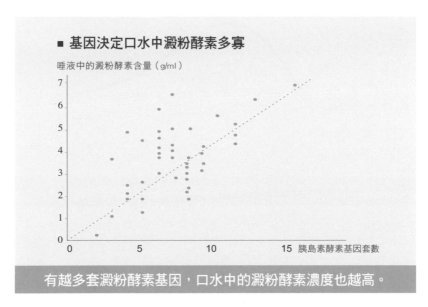

■ 基因決定口水中澱粉酵素多寡

唾液中的澱粉酵素含量（g/ml）

胰島素酵素基因套數

有越多套澱粉酵素基因，口水中的澱粉酵素濃度也越高。

簡而言之，農業歷史越久的種族，唾液消化澱粉的能力也越好。

▌澱粉酵素基因跟健身有什麼關係？

關係可大了！如果我告訴大家，澱粉酵素能把蛋糕變成地瓜，你會不會相信？2012年《營養學期刊》的文獻正是這麼告訴我們的。研究者分析唾液樣本，找出7位低澱粉酵素活性與7位高澱粉酵素活性的健康年輕人，並且在兩個不同場合，讓他們分別喝下50公克的澱粉與葡萄糖溶液。

以下為學者的發現：低澱粉酵素活性的人喝下澱粉溶液之後，在2小時間的血糖濃度比高澱粉酵素活性來得更高，血糖變化也更大。而高澱粉酵素活性的人即使喝了同樣的澱粉溶液，由於澱粉酵素能減緩血糖升高，所以血糖的濃度與變化都比較小。（如下圖）

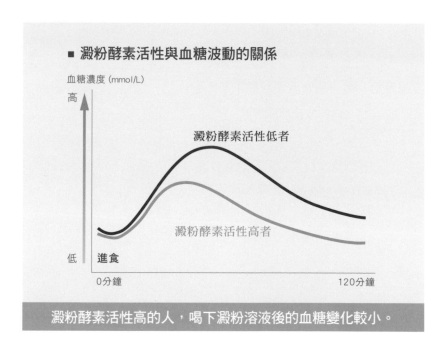

澱粉酵素活性高的人，喝下澱粉溶液後的血糖變化較小。

但是喝下葡萄糖溶液之後，這兩組的變化反而很接近。無論是澱粉酵素活性低或是澱粉酵素活性高的人，在攝取葡萄糖之後的2小時間，血糖變化沒有出現明顯差異。兩組人喝澱粉溶液血糖反應不同，喝葡萄糖溶液反而相同，這證明了兩組間的血糖變化差異，來自於澱粉酵素活性的高低不同。

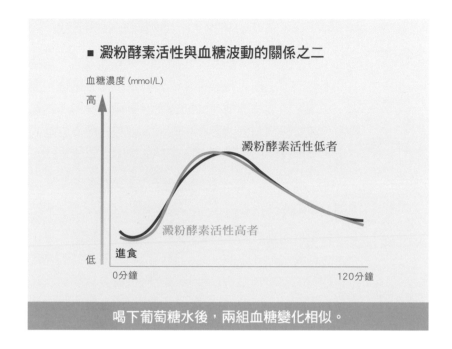

■ 澱粉酵素活性與血糖波動的關係之二

血糖濃度（mmol/L）

高

澱粉酵素活性低者

澱粉酵素活性高者

低　進食

0分鐘　　　　　　　　　　　　　120分鐘

喝下葡萄糖水後，兩組血糖變化相似。

　　換句話說，澱粉酵素讓澱粉類食物的GI值（升糖指數）自動降階。想像今天一群朋友慶祝生日，切塊大蛋糕分來吃。對於低澱粉酵素活性者來說，蛋糕就是精製澱粉，會迅速衝高血糖；但是對於高澱粉酵素活性的人，這塊蛋糕卻變成了富含纖維的地瓜，對血糖的衝擊並不大。

　　聰明的讀者可能發現，這其中的邏輯好像怪怪的？！如果澱粉酵素讓澱粉在嘴巴裡提前分解成小分子醣類，那麼血糖理當會更快衝高才對，怎麼高澱粉酵素的人血糖反而穩定呢？對於這個出乎意料的發現，研究者等人推測是因為：澱粉被分解成醣類後，才能被味蕾偵測並轉達到胰臟，讓胰島素提早出場來降低血糖。如果澱粉沒有在嘴巴裡被分解，這樣的機制就無法及時控制血糖飆升。

　　這個血糖的早期反應機制至關重要，糖尿病初期的表現，正是胰島素的反應遲緩（First phase insulin response）。長期且反覆的血糖飆高，可能與糖尿病的致病機轉息息相關。

澱粉酵素基因少的人，肥胖機率高出8倍！

2014年，英國學者福其（Falchi）同樣在《自然遺傳學期刊》上發表了一篇大規模的基因資料庫研究，採檢瑞典、英國、法國、新加坡等地共6200份血液與唾液樣本。結果他們發現，澱粉酵素基因套數越少的人，肥胖的機率也越高。事實上，每少1套澱粉酵素基因，肥胖的機率就會增加18%。❷

綜合以上3篇文獻，我想提個「史氏澱粉假說」，各位讀者姑且聽聽：

人類祖先在發展出農業之前，雖也能從蔬菜水果中攝取碳水化合物，但要吃到大量的澱粉是相對不容易的，畢竟不是每個地方都有地瓜可以挖。當人們學會栽種農作物後，雖能免於有一餐沒一餐的恐懼，但同時也將身體不熟悉的營養素：「澱粉」，帶入飲食中。

為了讓澱粉對血糖恆定的衝擊降到最低，農業民族的身體在短短一萬年間演化出澱粉酵素等適應機制，讓我們可以將澱粉當作主食而不致生病。但原本習慣狩獵採集的民族，並不適應農業文化以及隨之而來的高澱粉飲食，使得肥胖、糖尿病等問題，在西化後的原始部落（例如北美皮馬Pima印第安人）特別常見。

近50年來，人類飲食更強調低脂高澱粉（想想食物金字塔），尤其精製澱粉的攝取成長飛快（想想汽水、洋芋片、速食餐廳）。劇烈的飲食變遷，早已超出了演化所能適應的速度，使得糖尿病、肥胖症、心血管疾病也以飛快的速度奪走人們的性命。

遺傳因子的差異，使得有些人能狂吃垃圾食物也不發胖，有些人每天奉行白饅頭白開水的低脂飲食，健康卻越來

❷ 肥胖的定義為BMI值超過30。

越差。這就是為什麼我在開頭說:未必每個人都適合同樣的飲食,在某些遺傳特徵的人身上,攝取「清淡」的高澱粉飲食可能招致肥胖、糖尿病!

Dr.
史考特   1 分鐘小叮嚀

雖說一般大眾無緣接受澱粉酵素的基因檢測,但不代表我們沒辦法設計一個「量身訂做」的健康飲食:

- 不論遺傳好壞,每個人都應優先選擇高纖、低加工的碳水化合物,如蔬菜、水果、地瓜、糙米等等。

- 如果你是運動員、年輕人、活動量大、沒有糖尿病等代謝疾病,而且能在高澱粉飲食下維持苗條,那麼恭喜你,高澱粉飲食是沒問題的。

- 如果你沒有運動習慣、生活安逸、年紀大、已經出現血壓血糖血脂高的狀況,或甚至「喝水都會胖」,那麼調降澱粉攝取、同時增加好的脂肪,如橄欖油、堅果、乳脂肪、魚油等等,或許能夠解決你的問題。

- 時時測量,沒有測量就不會有進步。測量並記錄自己的體重、腰圍、體態、甚至血壓、血糖、血脂、運動表現、睡眠品質等,你會更知道自己適合吃什麼,不適合吃什麼。

高脂 vs. 低脂，
哪個才能又瘦又健康？

飲食不必刻意講究低脂，保持飲食均衡，多吃「食物」、避開「食品」，才是健康飲食的最高指導原則。

不知道有沒有讀者看到本篇的標題後，心想：「這人瘋了嗎？他應該是假扮的醫生吧！」別急別急，請耐心看下去。

脂肪長久以來被認為是阻塞血管，造成心血管疾病的元凶，也因此，低脂飲食是現代健康飲食的基礎，男女老少，人人皆知道要吃得「清淡少油」。直到近10年來，這個觀念才再度受到學界挑戰。

在本文中，我要來分享一篇刊登在《內科學年誌》、燒燙燙剛出爐的飲食研究，來與大家探討一下低碳高脂❶與低脂飲食到底哪個好！

▌低碳高脂與低脂的驚人真相

2014年的《內科學年誌》，美國學者巴扎諾（Bazzano）收納了148位肥胖（BMI值30～45之間），但沒有心血管疾病史或糖尿病史的男女，將他們的體重、體脂、血脂肪等參數詳加記錄後，隨機分配為2組：一組人吃低脂飲食，另一組吃低碳水化合物但高脂的飲食（以下簡稱低碳高脂）。

❶ 提醒讀者，**高脂飲食不等於炸雞排+炸薯條**。本篇研究的受試者都是在合格營養師的監督下進行，讀者如有興趣，請向你的醫師、營養師諮詢過再行嘗試。

❷ 因為人總是需要熱量才能存活，當我們拿掉飲食中的脂肪成分，碳水化合物或蛋白質勢必要加量，且成為熱量的主要來源。反之亦然，低碳高脂飲食中勢必有較多的脂肪或蛋白質熱量，**並不是從今天開始不吃飯麵就是低碳高脂飲食**，我們可不是在教人成仙啊！

營養師定期與受試者會面，指導他們這兩種飲食的注意事項。低碳高脂飲食者必須限制碳水化合物在每天40克以下，而低脂飲食者則需保持脂肪不超過總熱量的30%❷。1碗白飯（碳水化合物含量約50～60克）就已經超過低碳飲食的標準了，可見這方法對一般人來說並不容易啊！

- 低脂組：脂肪不超過一日總熱量30%

- 低碳高脂組：碳水化合物低於40g／天

　　經過了1年的時間，研究者重新檢驗兩組受試者的身體數據，有了以下驚人的發現：進行低碳高脂飲食的人，第三個月的體重就少了將近6公斤，持續1年後體重也維持得很好，沒有復胖跡象。但進行低脂飲食的組別，相比之下減輕的重量只有高脂組的一半，並且在第三個月之後，體重也沒有繼續下降。（如下圖）

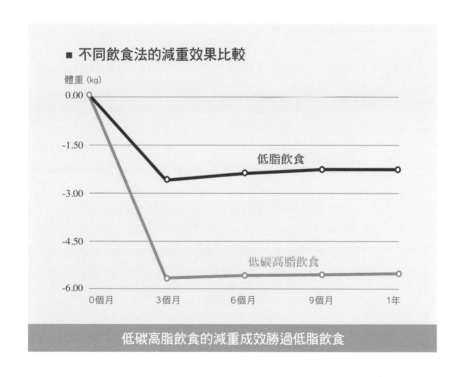

■ 不同飲食法的減重效果比較

體重 (kg)

低脂飲食

低碳高脂飲食

| | 0個月 | 3個月 | 6個月 | 9個月 | 1年 |

低碳高脂飲食的減重成效勝過低脂飲食

在體脂率方面，兩組人的數據也有相當差距。低脂飲食組的體脂率在研究進行到第三個月時下降，但第三個月之後到1年間，體脂率又逐漸回升，甚至比1年前還高。反觀低碳高脂飲食組的體脂率，相比之下降得更多，而且在1年間保持穩定。

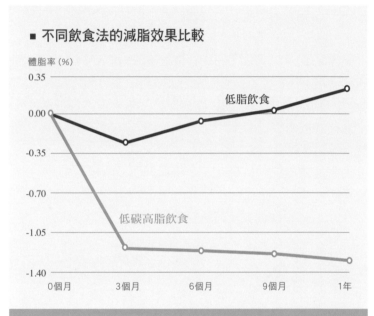

■ 不同飲食法的減脂效果比較

體脂率（%）

低碳高脂飲食比低脂飲食減去了更多體脂肪

在實驗開始12個月後，低碳高脂飲食者的體脂肪平均下降1.2%，低脂飲食者則反而增加了0.3%。除此之外，低碳高脂飲食者的血脂肪得到了顯著改善：他們的三酸甘油酯降得更低、高密度膽固醇升得更高，這可能意味著低碳高脂飲食者更不容易得到心血管疾病。

等等，別急著去買炸雞！

但是先別高興得太早，我要提醒大家：

- 有一個好的血脂肪指數不代表一切，這僅僅是心血管疾病危險因子中的冰山一角而已。當然減去體脂肪的同時改善血脂，是再好也不過的事情，但這樣就可安心了嗎？那也未必。

- 本研究並沒有「雙盲設計」❸，研究結果很可能被實驗者跟受試者心中的成見所影響。

- 過程中有合格營養師在指導監督，一般人自己在家嘗試可能無法達成同樣高品質的結果。

更重要的是，低碳高脂飲食就是減重的祕訣嗎？這倒未必。低碳高脂飲食者平均攝取了更多的蛋白質，蛋白質的高飽足感與提升代謝率的能力是減重所不可或缺的，但低碳高脂飲食是否因為高蛋白的特性才勝出呢？我們難以得知。

再者，雖然本研究並沒有針對每日總熱量做出任何建議或限制，低碳高脂飲食者卻自動自發地比低脂飲食者每天少吃100大卡左右。各位讀者想像一下，烤雞大餐是否比清粥小菜更能使人飽足？那麼，這樣的研究結果似乎也不會讓人太意外。

Dr. 史考特　1分鐘小叮嚀

統整目前為止的科學研究，低碳（高脂）與低脂（高碳）飲食都能幫助人們減重，效果相差並不大。如果低碳飲食真的佔了優勢，很有可能是其高蛋白質的特性，提升代謝率並給予減重者更好的飽足感，所以才讓使用者每天少吃100大卡。所以各位讀者，不論用哪種飲食法減重，不妨多吃些富含蛋白質的食物，就能有效控制食慾與熱量喔！

理想的低碳高脂飲食應該是：大量的蔬菜水果，油脂是來自天然未經加工的來源，例如肉類含有的油脂、乳製品、橄欖油、奶油、魚油等。加工精煉的植物油如大豆油、葵花籽油、沙拉油、葡萄籽油則最好避免，或是不要用高溫烹調，速食業者愛用的氫化植物油更該「禁」而遠之。

而且，這些研究的設計並非完美，像兩組間蛋白質、熱量攝取的差異等等，我們還需要更多更好的臨床試驗來解答這些疑問。但希望這些研究可以讓各位讀者在吃牛排、塗奶油的時候心裡少點罪惡感，其實不必刻意講究低脂，**保持飲食均衡，多吃「食物」、避開「食品」**，才是健康飲食的最高指導原則。

接下來，我特別請我太太設計了四款「低碳高脂」食譜。她喜愛和我一起鑽研各式飲食健康資訊，更熱愛下廚，把各種健康飲食知識落實在日常中，各位不妨可以參考。

紐奧良烤肋排

考量到台灣人的料理形態及口味，特別針對人人都愛的
肋排做了全新詮釋，口感跟料理方式升級，步驟簡化到
廚藝新手也能做。

低碳、高脂、美味！
建議可在市售烤肉醬中加入孜然粉跟黑
胡椒，精簡步驟，或另外做些微調～保
證美味！

[材料]

A
／2公斤豬肋排
／乾燥香菜適量（裝飾用，可選擇性添加）

B 醃料
／1杯醬油膏
／2大匙蜂蜜（醬油膏有甜味，蜂蜜請酌量增減）
／1大匙孜然粉
／2大匙橄欖油
／1小匙辣椒醬（選擇性添加，可視口味自行增減）
／1顆檸檬搾汁
／鹽跟黑胡椒適量
／1小匙煙燻甜椒粉（各大進口超市可找到）

[步驟]

❶ 肋排以3根為單位，分切成大塊。

❷ 將所有醃料（B）混合均勻後淋上肋排，醃漬至少
3小時（超過3小時請記得放入冰箱，避免腐敗）。

❸ 烤箱預熱到250度。將醃料倒出後，把盛有肋排
的烤盤以鋁箔紙覆上，進烤箱烤1小時。

❹ 時間到了，將鋁箔紙取出，讓肋排繼續以250度
烤1個小時；每半小時將肋排取出、翻面，抹上
醃料，直到表面上色（烤的時間視上色程度增減）。

❺ 上桌前重新擺盤，撒上乾燥香菜即可。

南方香辣雞翅

真正嗜辣的朋友一定沒有辦法被剛剛的肋排滿足，下面這道就是經典美國南方風味的香辣雞翅，以泰式或台式辣椒醬當底，就算是不喜歡西式料理的長輩也絕對能夠輕鬆接受。

低碳、高脂、優質蛋白質！這道菜是可以利用零碎時間完成的料理，前一天晚上完成醃漬的步驟，隔天就能輕鬆上菜囉！

[材料]

A
/ 10 隻雞翅（二節翅，使用三節翅的朋友記得增加醃料的用量）
/ 新鮮巴西里適量（裝飾用，可選擇性添加）

B 醃料
/ 半杯是拉差辣椒醬（泰式口味，買不到的話，傳統以純辣椒為主，不加鹽、糖調味的台式辣椒醬亦可）
/ 鹽適量
/ 1 顆檸檬榨汁
/ 1 小匙蜂蜜
/ 1 小匙孜然粉

[步驟]

❶ 將醃料（B）混合後，醃漬雞翅至少 2 小時（隔夜更好，記得放冰箱）。

❷ 烤箱預熱到 250 度，把醃料倒出後，雞翅直接進烤箱烤約 40 分鐘；記得每 20 分鐘將雞翅取出、翻面，確認上色（必要的話可以持續抹上醃料）。實際烘烤時間視上色情形而定，顏色呈現橘紅色再取出。

❸ 上桌前重新擺盤，撒上切碎的巴西里。

莓果起司沙拉

莓果起司沙拉中的莓果能提供少量但高纖的碳水化合物，配上高脂肪含量的起司與酪梨，是一道富含微量營養素的料理；同樣用蜂蜜當醬料，配上新鮮的莓果，讓人不禁食指大動～

高纖、低碳、微量營養素！很多朋友因為酪梨的油味太重而無法接受，用輕調味的方式可以適時掩蓋酪梨味，讓酪梨為沙拉帶來奶油般的滑順口感。

[材料]

A
/ 1 顆生菜（這邊使用的是綠捲生菜與火焰萵苣，也可以改用常見的萵苣類或蘿蔓生菜）
/ 1 顆酪梨去核切片
/ 新鮮莓果（種類不拘，這邊使用的是草莓與覆盆莓）
/ 100 克布里（Brie）起司（如果手邊只有硬質起司，可以刨成絲撒在沙拉上）

B 醬料
/ 1 大匙蜂蜜
/ 1 顆檸檬搾汁
/ 4 大匙橄欖油

[步驟]

❶ 將醬料（B）混合在一起，以打蛋器快速攪拌讓橄欖油與檸檬汁、蜂蜜暫時混合。
❷ 把生菜倒入大碗中，倒入醬料均勻混合，擺盤。
❸ 接下來依序放上起司、酪梨片跟莓果即可。

波特菇烘蛋

這道料理實在再簡單不過了，可是營養絕對滿分！將波特菇當成容器，讓其充滿鮮味的汁液為料理畫龍點睛～

優質蛋白質、低碳、高脂！半熟蛋鮮嫩的口感配上火腿的鹹與波特菇的鮮，好吃到讓人說不出話來！

[材料]

/ 4 朵波特菇（如果買不到波特菇，可以用大型香菇或蘑菇代替）

/ 4 顆蛋

/ 4 片義大利風乾牛肉或火腿（可隨喜好增減）

/ 鹽跟黑胡椒適量

/ 西班牙香料與乾燥香菜適量（裝飾用，可選擇性添加）

[步驟]

❶ 烤箱預熱到 200 度，放入波特菇慢烤約 20 分鐘。

❷ 波特菇滲出汁液後取出，小心地鋪上風乾牛肉切片，再打上一顆蛋並以鹽和胡椒調味，撒上香料與乾燥香菜裝飾，繼續烤 10 分鐘直到蛋白變色即可（想吃全熟蛋的朋友可繼續烤到蛋液完全凝結）。

低脂飲食「不是」防範
心血管疾病的最佳策略？

油膩的飲食習慣就一定不健康嗎？好的油脂不僅不會阻塞血管，甚至比低脂飲食更能避免心血管疾病的發生！

　　我的寫作主題常圍繞著「增肌減脂」的觀念，大部分讀者應該也都是衝著6塊腹肌和結實臀部而來吧！有健美體魄固然讓人羨慕，不過身為一個醫生，我更重視內在的生理健康。

　　長期以來，低油清淡飲食似乎已經和健康畫上等號。想減肥嗎？最好別吃太油；有心臟病嗎？快放開那塊五花肉！不過，「低脂有益健康」的觀念從來沒有一個穩固的科學基礎。更諷刺的是，在營養學研究中，低脂飲食一再地被證實無效。如果你有認識高血壓、糖尿病等慢性病的親友，以下這篇劃時代的研究文獻不可不讀。

▍地中海飲食（Mediterranean Diet）是什麼？

　　著名生理學家安塞爾‧基斯（Ancel Keys）在研究飲食與心臟病的關聯性時，意外發現希臘克里特島居民卓越的健康狀態。小島居民的平均壽命个僅高出鄰近地區一截，心臟病在這裡更像是會飛的企鵝一樣罕見。（會飛的企鵝應該不常見吧？念生物的讀者打臉請不要太用力啊Orz）

　　深入調查後，基斯發現島民的飲食以橄欖油、蔬菜、水果、堅果、魚、家禽為主，他們很少吃豬肉、牛肉、加工肉品與甜食；更特別的是他們非常嗜喝紅酒，幾乎每餐必備。

蔬菜水果與葡萄酒

橄欖油

豆類

魚肉

家禽

以上為地中海飲食的主要食材

　　克里特居民驚人的長壽與健康，很快地讓這種「地中海飲食」一傳十十傳百，廣泛被大眾所熟知。其實地中海沿岸幅員遼闊，該地區的民族未必都是這麼吃的，不過只要能健康長壽，誰還管那麼多呢？

▎地中海飲食和低脂飲食比一比

雖說地中海飲食的健康益處流傳已久，至今卻尚未接受科學的檢驗。身為地中海沿岸居民，西班牙學者決定接下這個挑戰，進行大規模的臨床試驗，收案的條件為不曾有心臟病史的中年男女，同時他們必須要有糖尿病或者至少三項的心臟病危險因子（抽菸、高血壓、高血脂、肥胖、家族病史）。換句話說，這些是心臟病快要發作但還沒發作、「勉強算健康」的病人。接著，這7447位男女被隨機分派到「低脂飲食」、「地中海飲食加堅果」，以及「地中海飲食加橄欖油」等組別中。

追蹤了4年又10個月，研究者被迫提早終止實驗：因為低脂飲食組的心血管疾病發生率明顯比地中海飲食組高❶。

來看看本實驗的成果，縱軸為心血管疾病發生率，橫軸則是經過的時間。簡單地說，曲線爬升的幅度越快，代表該飲食者發生心血管疾病的風險越高。

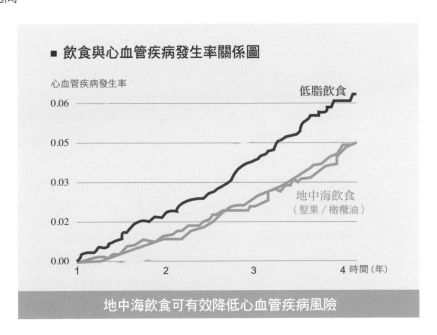

■ 飲食與心血管疾病發生率關係圖

地中海飲食可有效降低心血管疾病風險

這篇研究有幾個價值連城的觀察重點：第一，傳統的研究做法往往只有實驗組接受治療，而對照組在原地發呆啥也不做，**但這篇研究可是拿地中海與低脂飲食來捉對廝殺**，低脂飲食組可沒有每天吃薯條喝可樂！營養師是建議他們多吃蔬菜、水果、五穀根莖。如果今天比較的是地中海與一般大眾的飲食，這差距絕對不會只有30個百分點。

第二，**這是一個「初級預防」研究**。初級預防意指我們要如何防範健康的人生病（怎麼吃才不會發生心臟病），次級預防則是在已經生病的患者中，阻止疾病惡化或死亡（心臟病患要怎麼吃才不會反覆發作）。一般來說，次級預防研究要比初級預防容易做得多：已經罹病的病人再發作的機會遠比一般人高，這讓研究樣本數不用太大，研究經費不用太多，就可以得到顯著的治療效果。身為初級預防研究讓這篇文獻有個絕大優勢：我們可以大膽地將研究結果推廣到普羅大眾身上，而不像傳統次級研究，僅適用在某一特殊族群（如心臟病患）。

第三，本篇研究的是硬結論（Hard outcome），而非軟結論（Soft outcome）。舉例說明：投籃命中率、身高、立定跳高成績都是一位籃球員的軟結論，而所屬球隊的勝率是他的硬結論。軟結論成績很好，那當然很好，代表你這個籃球員個子高、投籃準、跳很高。但我們在乎的是軟結論本身嗎？如果你今天垂直跳高只有30公分，卻每年都帶領球隊進入季後賽，那還有誰在乎你跳得多高呢？

一樣的道理：我們真的在乎自己血壓高低嗎？不是吧！我們在乎的是高血壓會不會害我們中風、心臟病發作。心臟病是硬結論，血壓是軟結論，而硬結論才是人們真正懼怕的。使用「硬結論」：一個健康的人發生心臟病、中風或死亡的機率是多少，這讓本篇的成果彌足珍貴。

❷ 在臨床試驗中，發現某一種治療明顯較好或較差時，研究者有責任提早結束研究。例如在這個研究中，如果我們無視期中報告，會有更多的受試者因為接受低脂飲食而提早罹病或死亡，這是違反研究倫理的。

提早終止的研究

　　這篇研究的結果甚至好到連研究者自己都嚇一跳，雖然他們預期看到地中海飲食發生保護作用，但沒想到效果會如此快又強！在4年又10個月時，研究其實才進行到一半，在期中報告裡的地中海飲食組卻已經在心血管風險上打敗低脂飲食組。在這個時間點上，繼續讓低脂飲食組維持他們的飲食習慣是不道德的，因此研究者被迫提早終止實驗❷。不難想像，如果研究繼續進行，兩組之間的差距極有可能會越拉越大。

PART
2
飲食決定你的身材

　　好的油脂不僅不會阻塞血管，甚至比低脂飲食更能避免心血管疾病的發生。每天50克的橄欖油相當於450大卡的熱量，每天攝取這麼多脂肪，乍聽之下讓人咋舌，但看完了這篇，你還會認為油膩的飲食習慣就一定不健康嗎？家中如有心臟病、高血壓或是糖尿病的長輩，地中海飲食可能正是對他們健康有益的飲食治療。

不吃碳水化合物就會增脂減肌？

低碳水化合物飲食與其他飲食相比，並不會造成肌肉流失；甚至在某些研究中，還能增加肌肉量。

　　網路上常見一些文章警告大家不吃澱粉與碳水化合物的危害，除了酮酸中毒、腎臟受損等毫無根據的說法，另一個令人髮指的恐怖後果是：「肌肉流失，脂肪代謝受阻」。但我一直強調「加工精製」的碳水化合物才是致胖元凶，也不建議一般人不吃澱粉，對於低碳水化合物飲食的錯誤指控更無法接受。

　　直接了當地說：在熱量足夠的前提下，不吃碳水化合物並不會阻礙脂肪代謝，更不會讓全身肌肉消失。本篇將會帶各位讀者進入臨床與生化等面向，深入剖析低碳水化合物飲食的「技術性細節」，可能會有點難，可能會打瞌睡，但如果成功讀完整篇沒有扔書，你就比九成以上的「專家」都更了解低碳水化合物飲食了。

▎低碳水化合物「理論上」的危害

　　提出不吃碳水化合物會抑制脂肪燃燒，甚至全身肌肉流失的專家（或教科書）並不是沒有理論基礎。相反地，他們的擔憂是非常有根據的，以下來聽我講個故事：人體吸收了醣類、胺基酸、脂肪酸之後，沒辦法直接「燃燒」它們獲取能量，要將這些養分中的能量抓出來使用，人類必須仰賴「TCA循環」的幫助。

■ TCA循環如何將養分轉換成細胞所使用的能量

葡萄糖
胺基酸 →
草醯乙酸

TCA循環

→ ATP

　　如上圖所示，TCA循環將醣類、胺基酸、脂肪酸轉變為細胞愛不釋手、可直接利用的能量：ATP，供細胞使用。

　　TCA與ATP這兩個專有名詞其實並不難懂，各位可以想像是汽車的引擎（TCA循環），將燃料（醣類、胺基酸、脂肪酸）轉變成熱能與動能（ATP）供汽車（人體）運轉。

■ TCA循環與汽車引擎運轉的比較

胺基酸
脂肪酸
糖
TCA
循環
+
→ ATP

引擎　　　　　燃料　　　　　能量

TCA循環靠許多有機分子齊心協力才能轉動，這些重要的分子缺一不可，否則引擎可是會停擺的！而其中的重要成員「草醯乙酸」（Oxaloacetate），正是從我們吃下肚的澱粉跟碳水化合物轉變而來。我們不吃碳水化合物，就沒有草醯乙酸來繼續推動人體的引擎運轉，脂肪酸等養分也就卡在油箱裡，沒辦法燃燒啦！不吃碳水化合物就沒辦法燃燒脂肪的說法，就是由此而來。

更糟的是，身體為了想辦法生出草醯乙酸讓TCA循環繼續運轉，只好將肌肉裡的胺基酸抓出來揉一揉捏一捏，轉變成草醯乙酸。所以才有人說，不吃碳水化合物不但阻礙脂肪燃燒，還會讓肌肉縮小，真是太恐怖了啊！

▍低碳水化合物飲食的臨床研究

「理論上」，不吃碳水化合物會使人「減肌增脂」，是減重失敗的捷徑。但「實際上」真會這樣嗎？還好，有不少研究能替我們解答。2002年，有個研究將實驗者分為2組：12人的低碳飲食組與8人的控制組；低碳飲食組要限制碳水化合物的攝取，而控制組則維持他們平常的飲食即可。

這12位勇敢的男性踏上了「減肌增脂」的不歸路：他們在6週的時間中將碳水化合物攝取從總熱量的48%降低到8%。以一個每日熱量需求2000大卡的男性來說，8%意味著160大卡或是40克的碳水化合物。

1碗飯的熱量大概是280卡，而且別忘了蔬菜、水果、醬料，甚至瘦肉裡面都還是有少量的碳水化合物，亦即這些勇者每天頂多能吃一、兩口飯，其他的熱量都要從脂肪、蛋白質中取得。攝取這麼少的澱粉，想必他們最後都胖得不像話，而且虛弱得無法下床吧？

❶「Ornish歐尼斯飲食法」是由藥學教授歐尼斯博士所提倡的，認為只要多攝取健康的食物，少攝取不健康的食物，身體狀況就會改善。「Zone帶狀飲食法」是由美國的希爾思博士提出，主張用較低熱量和低糖的食物降低血糖、自由基等等，訴求是抗衰老、防癌和瘦身。「LEARN學習型飲食法」主旨是將食物分為6類，讓55～60%的熱量來自醣類，脂肪則限制30%以下，每日依此攝取以獲得均衡營養素。

可是從下圖可以看到，藍色長條的低碳飲食組不但減去了3.3公斤的脂肪，甚至還增加了1.1公斤的肌肉。那說好的減肌增脂呢？維持原本飲食習慣的8位控制組男性，在體脂上不動如山，僅增加了0.4公斤肌肉。

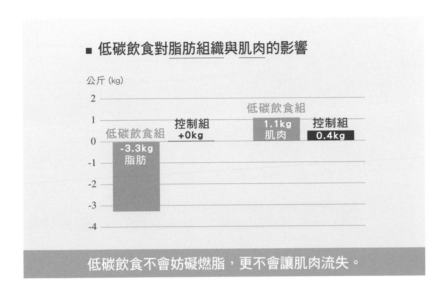

沒想到，低碳飲食竟讓12位男性平均減去3.3公斤的體脂肪，增加了1.1公斤肌肉！這個結果讓全球74億人驚呆了：熱量與運動習慣不變，僅僅改變三大營養素的比例，竟然造成如此戲劇化的改變！看來「吃什麼長什麼」的說法並不正確。

為了證明我不是在硬凹，以下請看研究圖表怎麼告訴我們的：

2007年《美國醫學協會期刊》所發表的飲食研究，在12個月中，低碳高脂飲食比起強調低脂的「Ornish歐尼斯飲食法」、注重營養素比例的「Zone帶狀飲食法」，以及低熱量低飽和脂肪的「LEARN學習型飲食法」●，幫助331位受試者減去了更多體重，而且這樣卓越的減重成果在1年後仍然顯著。

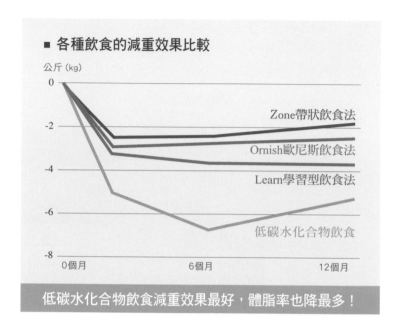

■ 各種飲食的減重效果比較

公斤（kg）

Zone帶狀飲食法
Ornish歐尼斯飲食法
Learn學習型飲食法
低碳水化合物飲食

0個月　　　　　6個月　　　　　12個月

低碳水化合物飲食減重效果最好，體脂率也降最多！

　　1998年的《兒科學期刊》中，報導了6位平均體重高達147.8公斤的重度肥胖青少年減重過程。他們被給予極低的碳水化合物、高蛋白的飲食，每天的碳水化合物攝取不得超過25公克。8週後，他們平均減去了17.7公斤，但肌肉量竟然維持不動！這意味著減去的17.7公斤全部來自於脂肪，6位重度肥胖青少年用低碳飲食減去的重量幾乎都是脂肪！

❷ 未達統計顯著：即統計檢定不顯著，統計的結果有可能是由運氣或機率決定，而非可採信的結論。

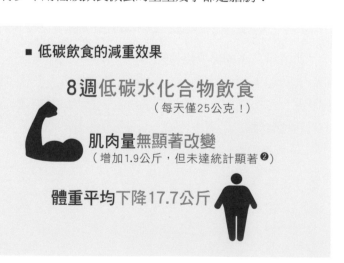

■ 低碳飲食的減重效果

8週低碳水化合物飲食
（每天僅25公克！）

肌肉量無顯著改變
（增加1.9公斤，但未達統計顯著 ❷）

體重平均下降17.7公斤

另一項是在4個月時間內，48位女性進行低脂與低碳飲食，並搭配重量訓練的臨床研究，發表於2004年《營養與新陳代謝期刊》上。研究發現低碳飲食組顯著地減去較多脂肪，而這兩組雖然都流失了少量肌肉，但兩組之間並無顯著差異。

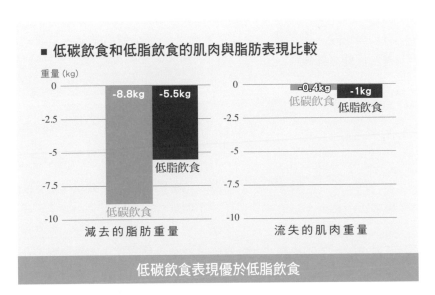

■ 低碳飲食和低脂飲食的肌肉與脂肪表現比較

低碳飲食表現優於低脂飲食

Dr.
史考特

1 分鐘小叮嚀

總結目前的科學文獻，我們知道：

● 低碳飲食有很好的減脂效果。

● 低碳飲食與其他飲食相比，並不會造成肌肉流失；甚至在某些研究中，能增加肌肉量。

　　寫到這邊，我其實還有很多想解釋的。要了解「理論上」與「實際上」為什麼有那麼大的差距，我的下一篇文章將帶大家離開臨床，進入生物化學的領域——

少吃澱粉、多吃脂肪，反而變瘦又變壯？

人們對脂肪與低碳水化合物飲食始終抱著半信半疑的態度，但是在對的情況下，低碳水化合物飲食會是一個很好的武器，有潛力改善內在與外在健康。

看完了上一篇文章「不吃碳水化合物就會增脂減肌？」，希望大家都能同意，不吃碳水化合物並不會讓你「增脂減肌」。這一篇將要進入生物化學與飢餓生理的領域，給各位一個交代：到底為什麼人體可以在如此「不均衡」的飲食中，繼續良好運作。本篇對於非生醫領域的朋友可能不容易上手，如果你在理解上有困難，歡迎隨時在「一分鐘健身教室」FB粉絲團的留言區提出。

首先，我們就大腦的營養需求開始說起。

大腦是愛吃糖的大胃王

說大腦是人體最耗能的器官，一點也不為過。平均僅1.4公斤的成人大腦，卻要占去總能量消耗的20～25%（亦即吃下肚的所有東西有1/4是被腦袋拿去用了），以及60～70%的每日葡萄糖需求量。大腦是個愛吃糖，而且吃很多糖的大胃王。

問題是，人體並不能儲存很多糖。如同之前我的文章所說：人體儲存葡萄糖的能力非常「差勁」，一個吃得白白胖胖的人僅能儲

藏90～110克的葡萄糖在肝臟裡，另加上25克左右以血糖的形式在身體四處循環。保守估計，大腦一天要消耗120公克的葡萄糖，而且除了大腦，還有紅血球、周邊神經、骨髓、腎臟髓質等一幫愛吃糖的器官也在嗷嗷待哺。這意味著理論上只要一天的時間沒吃飯（或是不吃碳水化合物），你就會因為大腦能量不足而昏迷。

▍能量不足，身體就會到處搜刮糖

為了避免一天沒吃東西（或是不吃澱粉來減肥）就腦死的憾事發生，身體會到處搜刮乳酸、甘油、胺基酸、還有草醯乙酸（Oxaloacetate）等小分子來揉一揉捏一捏，變出葡萄糖來。

這個動作叫做「糖質新生」，也就是把原來不是糖的東西變成糖。糖質新生讓大腦能繼續快樂地運作，但犧牲的是原本也很快樂的TCA循環。

如上一篇文章提過的，大腦將草醯乙酸這個重要的分子搶去吃掉了，會使得TCA循環的運作受阻，脂肪酸等養分就卡在油箱（脂肪細胞）裡，沒辦法被引擎（TCA循環）燃燒。

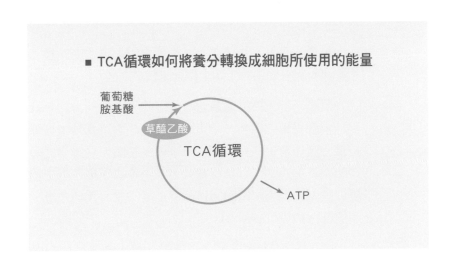

■ TCA循環如何將養分轉換成細胞所使用的能量

葡萄糖
胺基酸

草醯乙酸

TCA循環

ATP

TCA循環受阻，脂肪酸等儲藏的養分就無法轉換成人體所需的能量貨幣ATP，重要的生理功能隨之停擺。更糟的是，肌肉裡的胺基酸被抓出來糖質新生搶救大腦，讓肌肉內的蛋白質儲量日益減少。理論上，人會變得又肥又虛弱，這真是糟透了。

▌生物演化的重大弱點

現在請各位將思緒從生物化學中暫時抽出，轉換到20萬年前，我們祖先（Homo Sapiens，智人）在剛出現沒多久的非洲草原上——一位黑漆漆的青年土人小史，正在草原上蹣跚地移動。

因為不小心與族人走散，他已經5天沒有進食了。缺少了葡萄糖，小史的身體到處搜刮原料來讓大腦繼續運轉，此時他全身的肌肉大量被消耗，原本飽滿的二頭肌現在看來萎靡不振。根據《運動營養學協會期刊》的說法，剛開始禁食期間，肌肉蛋白質的流失量從每天75克到200克都有，亦即每天最多可流失掉1公斤的肌肉！❶

更糟的是，因為缺乏TCA循環中的重要成員草醯乙酸，小史沒有辦法使用體脂肪來作為能量。

還好，上天終究是慈悲的，這時，小史前方的草叢裡走出一隻腳受傷的羚羊。小史兩眼發直，看了那羚羊一陣子，終於想起要發足狂奔，好把羚羊變成晚餐。但不幸的是，由於肌肉流失再加上TCA循環效率不良等等因素，小史跑沒兩步就跌坐在地上，眼睜睜地看著羚羊一瘸一瘸地遠離。最後小史就GG了……。

現在請各位回到現實，用邏輯思考推論一下：如果人類5天沒吃飯（或沒吃碳水化合物）就會虛弱得無力覓食，這樣孱弱的物種真有辦法從天災、饑荒、天敵等等壓力下存活到今日，跟大家討論低碳水化合物飲食嗎？

❶ 禁食是指完全不吃，少吃與節食是指吃得很少。其實三者都會流失水分，因為我們熱量只要一少，肝醣就會夾帶著水分流失。但這個水分流失只會在一開始發生，後來的水分重量就會維持穩定。而三者也都會流失蛋白質，所以靠著少吃或不吃來減肥，幾乎都會損失一些肌肉。

沒有糖？那就燃燒脂肪吧！

在戰場、災區常常可以發現禁食1週以上的存活者，儘管身體開始進入節能模式，他們並沒有出現上述情境的面黃肌瘦（還有肥肚），也尚有體力為生存做奮力一搏，這是因為，天擇為人類想出了一個解套的方法。

1970年代，卡希爾教授（Cahill Jr.）研究人類在禁食下的生理變化，於《新英格蘭醫學期刊》上發表了經典的科學文章"Starvation in Man"（史考特翻譯：〈人類的飢餓生理研究〉）。

卡希爾發現，在禁食初期，人體1天仍要燃燒180克的葡萄糖，但隨著時間過去，這個需求量快速地降低到80克，**因為除了大腦之外，幾乎全身的組織都將熱量來源從葡萄糖轉換為脂肪**。更驚人的是，號稱最愛吃糖的大腦，需求量也從每天120克降低至40克，不足的部分由「酮體」，一種由脂肪合成的小分子來供應。

下圖是人體面對糧食短缺時的生理變化，縱軸是體內熱量供應來源的比例。初期人體以消耗肝醣來應付熱量短缺，但禁食後的1天左右，肝醣存量開始不足，此時將轉為燃燒脂肪以及糖質新生。

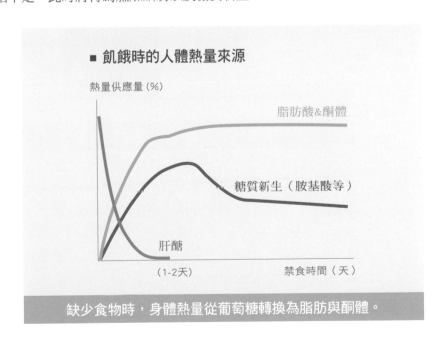

■ 飢餓時的人體熱量來源

熱量供應量（%）

脂肪酸&酮體

糖質新生（胺基酸等）

肝醣

（1-2天）　　　禁食時間（天）

缺少食物時，身體熱量從葡萄糖轉換為脂肪與酮體。

在缺少碳水化合物時，身體與大腦能聰明地轉換成燃燒脂肪。這不僅免去了「棄肌」來「保腦」的尷尬局面，更讓草醯乙酸能留在TCA循環中幫助ATP生成。這個應變機制，正是「長期禁吃碳水化合物不會增脂減肌」的理由之一。

仔細想想，這麼做不僅聰明，而且非常必要。如果短短幾天不吃飯，全身肌肉就消耗殆盡，這對於存活是相當不利的。糧食缺乏時，我們更需要肌肉來幫助我們追趕獵物，與大自然搏鬥。而且，一個體重70公斤的健康成年人，包含肌肉內的肝醣，頂多能儲存1000大卡的碳水化合物，但脂肪的儲量可以到141000大卡之多。

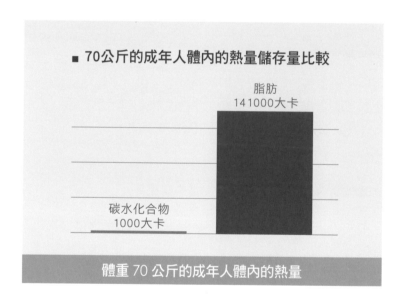

■ 70公斤的成年人體內的熱量儲存量比較

脂肪
141000大卡

碳水化合物
1000大卡

體重 70 公斤的成年人體內的熱量

這麼多的熱量約可支撐一個人不吃飯1～2個月的時間，所以肌肉、肝臟到中樞神經系統在禁食期間通通都改為燃燒脂肪，也只是剛好而已。在禁食或低碳飲食期間，如果身體無法使用脂肪，就好像載滿柴油的油罐車因為忘記加油而拋錨在路邊一樣：是笨死的。

除了上述機制外，美國學者曼尼寧（Manninen AH.）認為低碳飲食含有較多蛋白質，能刺激腎上腺素分泌、酮體產生、提高生長激素濃度，可能都是保護肌肉不致流失的原因。

禁食與低碳水化合物飲食

低碳水化合物飲食在某些層面上，非常類似禁食：因為缺乏碳水化合物，身體被迫要學會利用脂肪來作為能量。

在禁食與低碳飲食期間，身體的胰島素下降、升糖素上升、脂肪燃燒量上升、碳水化合物代謝下降、酮體製造上升；唯一的差別在於，熱量足夠的低碳飲食不像禁食會降低人體基礎代謝率——畢竟你有在吃東西，只是沒吃碳水化合物而已。

低碳飲食增加脂肪分解、保留肌肉，卻又提供足夠熱量避免基礎代謝率下滑。儘管目前仍然沒有很好的證據，不過部分學者相信這正是低碳飲食幫助人減脂的原理❷。

如果你成功地閱讀到這裡，我可以拍胸脯保證，你已經比許多專家都更了解低碳飲食！

由於過去觀察性研究留下來的錯誤觀念深植人心，人們對脂肪與低碳飲食始終抱持著半信半疑的態度，不少文章嚴厲指控低碳飲食危險且有害健康，但其中有科學佐證的並不多。

這兩篇關於「低碳水化合物」的文章，目的是為了破除針對低碳水化合物飲食的不實迷思。我認為在正確的情況下，低碳水化合物飲食可以是一個很好的武器，有潛力改善內在與外在健康。

不怕大家嫌囉嗦，還是要再次提醒：如果你也想掌握低碳飲食這把利劍，請先務必做好功課，並與熟悉這塊領域的專業營養師與醫師配合，才能健康地「內外兼具」嘞！

低碳水化合物飲食快問快答

低碳飲食的減脂效果非常好，甚至勝過低脂飲食，但只要飲食的90%以上由天然食材組成，不管低脂或是低碳，幾乎所有人都能在體態與健康上進步。

連續看了幾篇文章，大家可能認為我是個死忠的低碳飲食支持者，但其實我只是發覺大眾對低碳水化合物飲食有太多誤解與不必要的汙名化，才會跳出來寫這一系列文章。為了清楚地說明立場，我在這邊做個簡短的自問自答，讓各位對低碳水化合物飲食有興趣的讀者，能更恰當地去運用它，也避免不必要的誤解。

Q1：低碳水化合物飲食的減脂效果好嗎？

如同之前的文章「不吃碳水化合物就會增脂減肌？」所述，目前的研究認為低碳飲食減脂效果非常好，甚至往往勝過低脂飲食。

Q2：低碳水化合物飲食適合每個人嗎？

絕對不是，每個人均有其獨特的需求，不是每個人都適合低碳水化合物飲食的。

Q3：吃低碳水化合物飲食才能減重嗎？

絕對不是，如同「一分鐘健身教室」一直強調的：「過度加工精製」的澱粉與碳水化合物才是肥胖的元凶「之一」。低碳飲食的減重效

果固然好，但只要飲食的90%以上由天然食材組成，不管低脂或是低碳，幾乎所有人都能在體態與健康上有所進步。

Q4：哪些人可能從低碳水化合物飲食中獲益？

需要在短期間內迅速減脂者（如健美選手、Model、電影明星）、嚴重肥胖、代謝症候群（三高）患者。有文獻顯示，低碳飲食能降低糖尿病患的胰島素注射量，在某些例子中，甚至讓第二型糖尿病患者完全脫離胰島素。

Q5：哪些人可能不適合低碳水化合物飲食？

1.爆發型與力量型運動員。

2.儘管低碳飲食在許多研究中被證實能改善代謝指標，但仍然有部分人口在進行低碳水化合物飲食後，血脂肪反而惡化，要特別小心。

3.少部分的耐力型選手宣稱他們以低碳飲食讓體能表現進步，也有科學理論支持，但目前主流的耐力運動營養還是以高碳水化合物飲食為主。

Q6：一般人實行無澱粉（低碳水化合物）飲食最常出現什麼錯誤？

我們東方人畢竟還是以米飯為主食，所以無澱粉飲食最常見的錯誤就是：熱量不足。減去了碳水化合物的熱量，一定要由脂肪來補足，否則就等於慢性的節食。相信各位讀者已經很清楚知道，節食不是一個理想的減重法。

而我認為，讓增加脂肪攝取變得困難的點在於：大眾長期（錯誤地）認為所有脂肪都有害健康，這讓進行低碳水化合物飲食的心理障礙很難克服，因此最終的結果通常是：僅僅少吃飯而沒有多吃其他食物，最後每天餓得頭昏眼花，體脂也不見變化。

❶ "The Art and Science of Low Carbohydrate Living"：

❷「peterattiamd.com/」：

Q7：如何進行低碳水化合物飲食？

如果你真的有興趣想要進行低碳水化合物飲食，請務必與一位具有這方面專長的專業人士（如營養師、醫師）配合。我認為健康比6塊肌重要得多，在進行飲食試驗時請務必密切監測自己的血液指標，尤其是血脂肪。

如果你想要自己在家充實這方面的知識，我推薦這本書"The Art and Science of Low Carbohydrate Living" ❶。這是由兩位長期研究低碳水化合物飲食的學者所撰寫的，從低碳水化合物飲食的生理知識、臨床研究到實際的實行方法與食譜，無所不包。免費的網路資源「peterattiamd.com/」❷是我認為最中立且有科學基礎的低碳水化合物飲食網誌。

可惜的是，至今中文書籍與網站還沒有看到比較完整的低碳水化合物飲食資訊。當然，繼續耐心鎖定「一分鐘健身教室」FB粉絲團的發文，也是一個不錯的方法。

晚上進食瘦更多，
還改善代謝健康？

以色列學者發現，將澱粉類食物集中在晚上攝取不但不會胖，反而能減去更多的體重、維持飽足感，同時改善許多的血液生化指標。

　　西方有個這樣的說法：「早餐要吃得像國王，午餐要吃得像平民，晚餐要吃得像乞丐。」這樣的進食模式據稱可以幫助控制體重，使人不易發胖。

　　有趣的是，2007年《新加坡醫學期刊》發表的研究，與這個說法完全相反。

▌穆斯林齋戒月告訴我們的事

　　伊斯蘭曆法中，每年的第九個月被定為齋戒月，在這個月中，穆斯林從日出到日落這段時間會執行嚴格的禁食，甚至連水都不能喝。多數人會在日出前吃一頓簡單的早點，日落後才享用豐盛的大餐。約旦的哈希姆（Hashemite）大學研究者為了了解禁食對健康的影響，招募了57位女性穆斯林來觀察她們在齋戒月前後的身體變化。

　　根據研究結果，這57位女性的總熱量攝取、營養素比例、活動量，在齋戒月前後並無不同──說白一些：白天沒吃到的熱量，晚上都補回來了。但齋戒月後，這些女性的平均體重從57.5公斤下降到56.9公斤，體脂肪從24.9%下降到24.5%，BMI從22.2下降為22，而且體重變化大多來自體脂肪的減少。穆斯林齋戒月的經驗顯示：完全不改變飲食運動習慣，只是將熱量集中到晚上攝取，就能幫助減輕體脂。

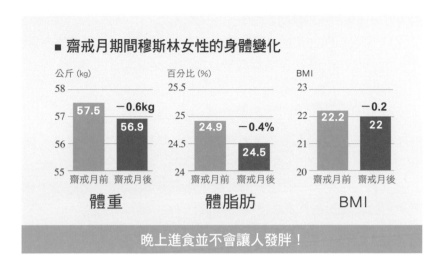

■ 齋戒月期間穆斯林女性的身體變化

公斤 (kg)

57.5   −0.6kg   56.9

齋戒月前   齋戒月後

體重

百分比 (%)

24.9   −0.4%   24.5

齋戒月前   齋戒月後

體脂肪

BMI

22.2   −0.2   22

齋戒月前   齋戒月後

BMI

晚上進食並不會讓人發胖！

▌ 晚上進食燃燒更多脂肪？

　　在美國農業部所做的研究中，科學家將10位女性分為兩組：一組女性每天吃下豐盛的早餐與午餐，另一組則吃下特別豐盛的晚餐與宵夜。兩組吃的東西完全一樣，只有進食時間不同。經過3個月的時間，科學家竟然發現，晚食組體重減輕了3.27公斤，早食組體重減輕3.9公斤，但晚食組的體脂肪卻少了2.52%，早食組只少了1.83%，表示晚食組有較旺盛的脂肪代謝率，同時也減去更多的脂肪組織！

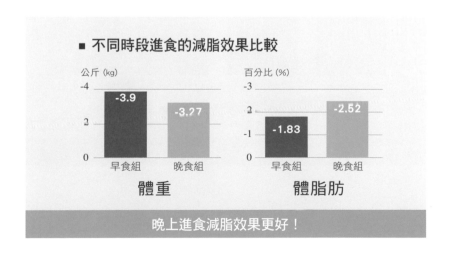

■ 不同時段進食的減脂效果比較

公斤 (kg)

-3.9   -3.27

早食組   晚食組

體重

百分比 (%)

-1.83   -2.52

早食組   晚食組

體脂肪

晚上進食減脂效果更好！

難道吃宵夜竟然可以幫助燃脂？以色列學者在2011年進行為期6個月的人體實驗，學者募集了100位BMI超過30的胖警察（有男有女），讓他們展開一段為期6個月的節食計畫。胖警察們被分為2組，吃的都是低熱量、低脂的減重餐。兩組的差別在於「控制組」三餐都可以吃碳水化合物，「晚食組」則在晚上才被准許吃澱粉、碳水化合物。

在不吃澱粉的餐點中，受試者還是可以吃肉類、蔬菜、堅果、低脂乳品，也可以喝不含卡路里的飲品如茶、水、咖啡。（代表性的澱粉類食品：義大利麵、麵包、玉米、豆類、馬鈴薯、地瓜等等）6個月過去了，發現如下：晚食組的體重減少了11.7%，BMI降低11.7%，腰圍少了10.5%，而體脂肪更少了18.1%。至於早食組的體重減少了9.96%，BMI降低了9.68%，腰圍少了8.8%，體脂肪少了14.1%，各項目都略差於晚食組。

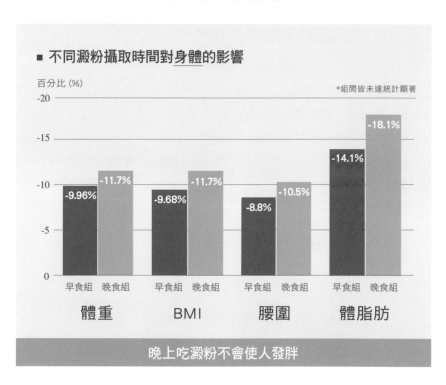

■ 不同澱粉攝取時間對身體的影響

將澱粉挪到晚間攝取的晚食組，不僅減去了更多體重，維持全天飽足感，更改善了包括胰島素在內的多項代謝功能指標，等於是「多個願望一次滿足」。目前還不清楚為何集中在晚上吃澱粉反而能幫助減重，研究者推測是由於晚上進食改變瘦體素等荷爾蒙分泌的模式，使得白天的食慾下降，節食減重因而更加順利。

而我個人推測，選擇在晚上吃碳水化合物相當類似「間歇性斷食法」，將一天的熱量集中在較短的時間內攝取，在許多臨床試驗中被證實比單純節食有更多好處。不過，本篇以色列研究的受試者相對肥胖（BMI超過30），而且是使用低卡低脂飲食來減重，其結論可能無法推及到所有人身上。也要提醒各位一下，這個實驗是把澱粉類「移到」晚上吃，總量還是有控制的，不是說晚上多吃的澱粉會幫助你減重喔！

▌為何大家都說吃宵夜（或不吃早餐）會胖？

因為觀察性研究成功地誤導了所有人。回想看看，當你在準備期末考、客戶簡報、打電動卡關，或是為了任何原因開夜車的那一陣子，身體有什麼變化？是否胃口特別大，嗜吃垃圾食物，體重也跟著迅速竄升呢？晚睡、壓力、宵夜、肥胖、不吃早餐之間有密不可分的關係，習慣吃宵夜的人，更有可能也擁有不健康的生活習慣。

瑞典學者賀伯（Hallberg L）針對當地青少年所做的調查發現：不吃早餐的青少年在正餐之間攝取更多熱量、更多糖、更少維生素與礦物質、抽菸與喝酒的比率更高；不吃早餐的小女生生理期甚至要比三餐正常的小女生早來1年。那麼讓我來考考各位，我們從瑞典研究中可以得出下列何者結論？

- 不吃早餐會讓你不健康
- 不吃早餐者的不良生活形態會讓你不健康

相信各位讀者都答對了吧？美國西北大學的神經學者拜倫（Baron KG）也驗證了這個概念：晚睡者宵夜吃得比較多（完全不意外……），不健康的習慣也多更多。

■ 晚睡的人不只常吃宵夜，不健康的習慣也更多！

睡眠時間較短　　　　蔬果攝取較少

總攝取熱量較高　　　更常吃速食

「宵夜套餐」是整組一起賣的，常吃宵夜的人通常更晚睡、睡更少、壓力大、不吃早餐、愛吃垃圾食物……這麼多不良生活形態綁在一起，我們卻光挑出「睡前進食」，說它是肥胖元凶，實在有失公允。

Dr. 史考特　1 分鐘小叮嚀

過去的觀察性研究雖認為晚上進食與肥胖有關聯性，但我認為這樣的結論是有問題的。深夜進食往往反映出不良的生活作息：紊亂的進食習慣、過少的睡眠時間，與加班工作所伴隨的壓力。另外，宵夜很少會是「健康」的吧？你上次吃水果沙拉當宵夜是什麼時候的事呢？

不過，我並不是鼓勵每個讀者都不吃早餐，晚上再大吃特吃。每個人的身體都是獨一無二的，對不同的飲食會有不同的反應，儘管坊間有五花八門的文章在教人何時吃飯才能配合五臟六腑的運行，但就西方醫學來看，目前尚未有證據顯示人類最佳進食時間為何。我的建議是：

- 「吃什麼」比「什麼時候吃」重要100倍以上。就算選在良辰吉時吃炸薯條加可樂也救不了你的大肚子！

- 就算真的有最佳進食時機，它的重要性可能也不值得投注過多心力。

- 在這樣的前提下，安排最適合自己工作與生活的進食時間即可。

- 我個人推測，集中在夜間吃澱粉的好處可能來自最近相當熱門的「間歇性斷食法」，倒未必一定要模仿上述的胖警察研究在夜間進食。

如果你的忙碌作息讓吃早餐變得非常麻煩，不吃早餐或許對你的傷害不大。不用擔心會因此變得臃腫不堪，那都是早餐穀片公司想要你相信的迷思。但如果你不吃早餐就會全身無力、昏昏沉沉，堅持不吃早餐或許也不是個好主意。量身訂做，因地制宜，才是聰明、健康飲食的原則。

迷思

全脂牛奶反而使人瘦？

目前的科學研究並不認為牛奶脂肪會使人發胖，更不會升高糖尿病與心血管疾病的風險，如果你喜歡全脂牛奶，請放心飲用吧！

歸納現有的科學研究，喝低脂牛奶並不能讓你瘦，更不能降低糖尿病、心臟病等慢性病風險。如果喜歡全脂牛奶的香濃，那麼請不帶任何罪惡感地喝下它吧！

▌我們為什麼選擇低脂牛奶？

這個簡單，少吃油一定比較健康，對吧？牛奶中含有豐富的乳脂肪，其中又以飽和脂肪酸這種「被認為」會阻塞血管的邪惡油脂為主❶。更糟的是，每1公克的油脂含有約9大卡的熱量，就算它不會塞住動脈，也會讓你肚子上堆起肥油。

去除牛奶中的脂肪，理論上能降低熱量攝取，幫助人們攝取到牛奶的養分又不發胖。也因此，美國農業部在2010年發表的飲食指引中，亦是明確建議美國人增加低脂與脫脂乳製品的攝取。

但我之前一直在宣揚「低脂飲食未必會瘦」的觀念，這樣豈不是跟全脂牛奶打架了嘛？究竟牛奶中的脂肪究竟會讓你上天堂，還是帶你住套房呢？

2013年，克拉茲（Kratz）等人在《歐洲營養學期刊》上發表了一篇相當完整的系統性文獻回顧，就是要來解答這個

❶ 飽和脂肪與心血管疾病的關係尚有爭議。

問題。從1999年到2011年間，克拉茲等人共找到了16篇研究牛奶與肥胖的文獻。其中11篇認為：**習慣飲用全脂牛奶及高脂乳製品的人，更不容易發胖。**

- 19000位中年婦女中，喝全脂牛奶的較不容易發胖，喝低脂乳品的女性則未必。

- 飲用更多高脂牛奶的醫師，在12年間體重上升幅度較小。

- 飲用高脂牛奶的美國成年人，在10年間肥胖的比例，低於飲用低脂牛奶的人。

更驚人的是，這16篇研究都沒有找到飲用全脂牛奶與肥胖間的正向關聯。什麼？！這不是很奇怪嗎？喝全脂牛奶不但不會胖，還能讓你瘦？

▌低脂不等於健康？

你可能心想：喝全脂牛奶或許不會發胖，但應該不大健康吧？讓我們來看看研究是怎麼說的。在11篇牛乳的研究中：

- 6篇認為乳脂肪有助於提升代謝健康，避免糖尿病。

- 1篇認為乳脂「可能」有好處。

- 3篇認為糖尿病與乳製品沒有任何關聯性。

- 1篇認為攝取乳脂肪有害代謝健康。

至於乳製品與心臟病間的關係，就複雜得多了：

- 1篇美國研究認為乳製品與心臟病之間有正向關聯。

- 9篇歐洲研究中，4篇發現乳製品攝取者較少罹患心臟病，4篇認為沒有關聯，1篇認為對男性有好處，對女性則否。

- 來自澳洲及哥斯大黎加的2篇研究發現，飲用乳製品的人較少罹患心臟病。

為什麼眾多研究會得出如此不同的結論？這很有可能跟各個國家的畜牧業、乳脂來源以及混擾因子❷有關，好奇的讀者不妨找出原文看看克拉茲等人的說法。總結起來，目前的研究並不支持乳製品造成糖尿病、肥胖，或心臟病的假說。甚至學者常常發現，啜飲全脂牛奶的人要比懼怕脂肪的族群來得更健康！

▎為什麼全脂牛奶比較好？

可以放心喝全脂牛奶，大家應該很高興吧？但接下來又要進入令人昏昏欲睡、一蹶不振的學術研討時間了。為什麼多吃乳脂肪，尤其是多吃飽和脂肪，不會讓人又胖又病呢？以下是作者與我自己腦補的推論：

• 關聯性不代表因果關係

上述提及的大多是觀察性研究。如同我講過一百次的關聯性不代表因果關係，喝全脂牛奶的人後來沒發胖，很可能是因為他們「不胖」所以「沒有必要喝低脂牛奶」，而非「全脂牛奶使人變瘦」。

• 脂肪使人飽足

全脂牛奶富含蛋白質及脂肪酸，這兩種都是特別能使人有飽足感的營養素。如果喝一杯牛奶能讓人在未來3小時內更能抵抗垃圾食物的誘惑，那麼「全脂牛奶使人瘦」似乎也不奇怪了。

❷ 混擾因子：指其他可能影響研究結果的因子，例如美國的乳製品常常跟糖一起做成甜點，但歐洲則比較常直接喝生乳，所以兩個地區之間疾病與乳製品的研究結果會不同。

• 全脂牛奶含有豐富營養

保留牛奶裡的脂肪，不僅也保留了脂溶性維生素，更能保留許多對人體有益的脂肪酸如Butyric acid（丁酸）、CLA（共軛亞麻油酸）、Palmitoleic acid（順式與反式棕櫚油酸）。小規模的人體實驗與動物研究發現，乳製品中的脂肪有抗氧化、降低發炎的效果，這或許能解釋為什麼全脂牛奶反而使人又瘦又健康。

Dr. 史考特 1分鐘小叮嚀

牛奶是一個相當有爭議性的食物，除了畜牧工業化產生的倫理問題、生長激素、抗生素的使用之外，有些人認為牛乳根本不適合人類飲用。這是一個非常大的主題，不僅超出了我的知識範圍，也不是今天文章的討論重點，這篇文章純粹只是想告訴大家：

2002年，波士頓兒童醫院的普雷拉醫師（Dr. Pereira）在《美國醫學協會期刊》上這麼寫：「我們的研究指出，增加乳製品攝取可以避免過重者產生肥胖與代謝症候群。」

目前的科學研究並不認為牛奶脂肪會使人發胖，更不會升高糖尿病與心血管疾病的風險。如果你喜歡全脂牛奶濃純香，請放心飲用吧！

為何計算卡路里沒有瘦？❶
破解減重史上最大謎團

「攝取」與「消耗」不是兩個獨立的變數，所以沒有辦法單純以計算攝取量來減去多餘脂肪。因此「計算卡路里」是花費很大力氣、實際幫助卻很小的行為。

我曾看過一篇健康減重文，裡面洋洋灑灑列出了一大堆「罪惡食品」的熱量表，告訴大家吃一份甜食要在跑步機上ㄅㄧㄥ多久才能消耗殆盡，所以這不能吃那不能吃等等……那張表密密麻麻的程度，至今都讓我印象深刻，不知道有沒有人真的去抄寫數字記起來慢慢複習。

在此開宗明義地說：我認為大部分減重的朋友都不需要詳細計算卡路里，因為這行為要花費很大的功夫，實際帶來的幫助卻很小。接下來，這系列專文就是要來討論這個議題。準備好來破除這個最大號的減肥迷思了嗎？❶ ~~（這Slogan怎麼有點老派……）~~

▎熱力學第一定律

我雖不是念物理出身的，還是要來挑戰一下介紹物理定律這個艱難的任務。熱力學第一定律告訴我們：一個系統裡的能量不能憑空消失或生成，它只能從一個地方被轉移到另

❶ 這邊針對的是一般有減重需求的讀者。健美選手、運動員或是對飲食控制已經有一定程度認知的朋友，熱量計算可能會有其他的功用。

❷ 暫不考慮有極少數疾病會造成營養從腸道流失。

一個地方。如果人體是上述提及的「系統」，那麼食物的卡路里就是流入這個系統的能量。

根據熱力學第一定律，我們可以知道吃下去的食物能量不是被消耗掉，就是被儲存起來了❷。

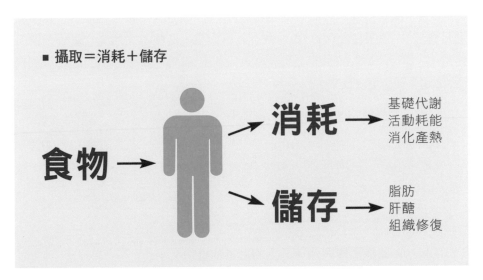

■ 攝取＝消耗＋儲存

食物 → 消耗 → 基礎代謝
　　　　　　　活動耗能
　　　　　　　消化產熱

　　　→ 儲存 → 脂肪
　　　　　　　肝醣
　　　　　　　組織修復

人體攝取食物之後，不是被基礎代謝、活動和產生熱能而消耗掉，就是儲存為脂肪、肝醣。

一個人會胖，他攝取的熱量一定比消耗的多，這是毫無疑問的。能量不會憑空跑出來，我肚子上的肥油一定是以前吃東西吃出來的，沒有其他方法。這也正是減肥專家們的立論基礎：肥胖的人一定是攝取的比消耗的多，那麼我們仔細計算熱量，只要最後攝取比消耗少，就一定會瘦啦！根據這個理論，世界上從此再也不會有胖子，想出這理論的科學家應該也能解決人類肥胖問題而獲頒諾貝爾獎。

可惜現實是殘酷的，肥胖問題持續困擾著全世界人口，當然還有丈二金剛摸不著頭腦的減重專家們。「卡路里計算」這樣一個聽起來完美的理論，怎麼會敗得如此悽慘？以下就讓我來為大家分析。

▌錯誤假設：攝取與消耗是各自獨立的變項

想像一個假設情境：今天A與B組成一個家庭（為了不引起性別偏見的聯想，特別不提A與B的性別XD），其中A是辛苦賺錢的那位，而B是負責持家的那位。

B為了家務需要，每個月固定開銷3萬塊，那麼A如果努力加班工作爭取到月薪5萬，每個月就會有2萬塊的存款跑出來，而整個家的荷包就會變胖。如果A這個月因為生病不能上班，收入只剩下1萬塊，那麼這個月家裡就要負債2萬元，荷包也變瘦了。

但現實世界是如此運作的嗎？當然不是！

在A賺5萬元的情況下，B可能會比較放心地花錢，導致實際存下的錢不到2萬元。當A因為生病而收入減少至1萬元時，B當然會盡量減少花費，而讓實際的負債不到2萬元。

■ **熱量攝取與消耗是互相影響的變數**

收入**增加** ⟶ 大膽消費
收入減少 ⟶ 節省開銷

當資源增加時，身體就會大膽地消費；但是當資源減少，身體也會隨之節省開銷。

人類會在資源充足時放心享受，資源匱乏時節省開銷。巧的是，千萬年的演化讓我們的身體也內建這種智慧調節功能，在熱量充裕時調高基礎代謝率，在饑荒或是節食期間東省西省，我在前文「難以捉摸的基礎代謝率」與「節食真的不會瘦！」當中也有提到。

Dr. 史考特 1 分鐘小叮嚀

因為攝取與消耗「不是」兩個獨立的變數，所以我們沒有辦法單純以計算攝取量來減去多餘的脂肪。不僅攝取的多寡會影響消耗，消耗的多寡也會倒過來影響攝取呢！我永遠記得小時候，每次去夏令營游完泳回來都會開啟暴食模式……

講到這邊，各位讀者可能認為卡路里系列文已經要沒梗了，其實這僅只是卡路里計算沒用的四大原因中的第一個。還想知道為什麼計算卡路里沒有意義嗎？快翻頁吧！

為何計算卡路里沒有瘦？❷
卡路里生而不平等

卡路里生而不平等，如果只考慮量而忽略質，就好像數鈔票卻不計較數到的是千元還是百元鈔一樣。結果會相同嗎？

在上一篇裡，我們談到了熱量的攝取與消耗是兩個互相影響的變數，改變一個，另一個就會跟著變動，這也是為什麼單純的操弄攝取與消耗是沒有用的。在系列文的第二篇中，我要來告訴大家計算卡路里無用的第二大理由：「卡路里生而不平等」。

脂肪、蛋白質、與碳水化合物是人們主要的熱量來源，吃下肚後都能提供我們呼吸、心跳、活動、思考所需的能量。但是請各位讀者試想：1大卡的脂肪跟1大卡碳水化合物會對身體產生一樣的影響嗎？這就好比同樣1公升的柴油與95無鉛汽油，加到同一台汽車裡開起來的感覺會一樣嗎？當然不會！

▎瘋狂的暴食實驗（在家請勿嘗試）

為了證明相同熱量會對身體造成不同影響，英國一位減重部落客山姆・費爾特姆（Sam Feltham）拿自己當白老鼠做了一個瘋狂的試驗。在21天的時間中，他每天吃下至少5000大卡，但內容相去甚遠的食物：

● 實驗A：高碳水化合物飲食，以糖、精製穀物、精製澱粉、加工食品為主。

● 實驗B：高脂肪飲食，以天然未經加工的肉類、堅果、油脂為主。

實驗 A：高碳水化合物飲食　　　　　　實驗 B：高脂飲食

　　總結一下5000大卡暴食挑戰的結果。我們可以發現在攝取的多餘熱量上，兩個實驗數字相差不大，高脂飲食組在實驗期間，攝取的多餘熱量總共是56654大卡，而高碳水化合物組攝取的多餘熱量為53872大卡，兩者差距5%；但在增加的體重上，高脂飲食組只重了1.3公斤，高碳水化合物飲食組卻多了7.1公斤的體重，實際產生的體重上升的幅度差距很驚人（高碳水化合物飲食為高脂肪的5.5倍）。

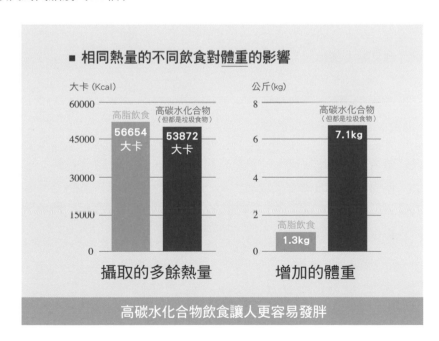

相同的熱量、不同的營養素，會給你不同的結果，所以卡路里生而平等嗎？當然不是！請各位讀者特別注意幾點：

- 我並不是在鼓勵每個人都開始高脂飲食，有些人適合，有些人則否，你需要醫療專業人士的指導。

- 這是山姆・費爾特姆一個人的實驗結果，而非出自經過審查的科學期刊，每個人的體質不同，不代表你自己在家這麼做也能複製出他的結果。

- 本研究中的「碳水化合物飲食」包含了大量加工精緻食品，也就是俗稱的「垃圾食物」。如果換成蔬菜、水果等富含纖維的碳水化合物，結果未必會一樣。

- 不要嘗試這種行徑就對了，沒事別把自己當神豬養！

▌ 又一個「卡路里不平等」的例子

剛才上述的暴食實驗結果是增重，而且受試者人數只有1人，那麼我們來看看刊登在《新英格蘭醫學期刊》上的減重研究怎麼做的吧！132位肥胖的受試者被隨機分配成2組：

- 高碳水化合物但低脂的飲食
- 低碳水化合物但高脂的飲食

最終這兩組人馬每日攝取的熱量是相近的（未達統計顯著差異），真要說的話，高脂飲食組的攝取熱量還稍高一些。再來一張圖表讓你了解這兩組人馬的命運如何交錯：高碳水化合物組在6個月內，減少1.9公斤的體重，但是高脂飲食組在6個月內卻減少了5.8公斤的體重。

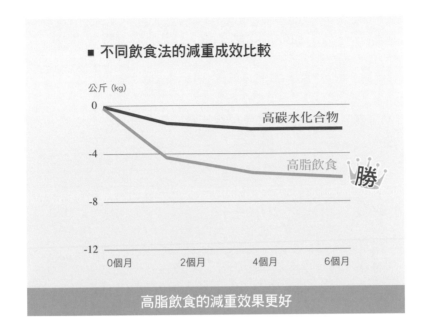

■ 不同飲食法的減重成效比較

公斤 (kg)

高碳水化合物

高脂飲食 **勝**

0

-4

-8

-12

0個月　　2個月　　4個月　　6個月

高脂飲食的減重效果更好

所以我們可以發現，不管是想要變胖還是變瘦，僅計算卡路里的數字是不夠的。數值相同但來源不同的熱量，會產生截然不同效果。

Dr.
史考特

1 分鐘小叮嚀

卡路里算了半天，減重效果卻差強人意嗎？第二個可能的原因，就是卡路里生而不平等。同樣熱量的蛋白質與碳水化合物，前者能提供更好的飽足感，並提升身體熱量消耗；同樣熱量的馬鈴薯與薯條，選前者才不會一口接一口停不下來。光看熱量標示而忽略食物品質，小心越減越胖！

為何計算卡路里沒有瘦？❸
熱量消耗的不確定性

減重需要的不是加減乘除和計算機，而是對食物、運動、身體機能更多的認識。

在「為何計算卡路里沒有用」系列之一與之二，我們談到了「攝取與消耗互相影響」與「卡路里生而不平等」這兩個概念。而在這篇文裡，我要告訴大家計算卡路里無用的第三大理由：「消耗量的不確定性」。

在現實世界中，熱量的消耗只能透過精密的實驗儀器測量得知。一切你所常用、計算熱量消耗的網站／公式／App，都僅是粗略估計而已。在這樣的困境下，即使你可以精確控制每天吃下多少熱量，還是很難達成減重（或增重）的目的。想想看如果從今天起，你只知道每個月薪水的數字，卻對花了多少錢一無所知，那怎麼可能達成收支平衡呢？

如何測出消耗的熱量？

為了精確測量一個人消耗的能量，科學家想出了一個聰明的辦法：因為產生熱量會消耗氧氣並產生二氧化碳，我們只要測量一個人的氣體交換量，就能精確地算出其消耗的熱量，公式如下（給打破砂鍋問到底的讀者們）：

能量消耗 = 1.44（氧氣消耗量 x 3.9 + 二氧化碳產生量 x 1.1）

（能量消耗單位為大卡／每日，氣體消耗量單位為毫升／分鐘）

要進行這個測量，受試者必須戴上一個氣密面罩，讓機器測量呼出與吸入的氣體分子，如下圖：

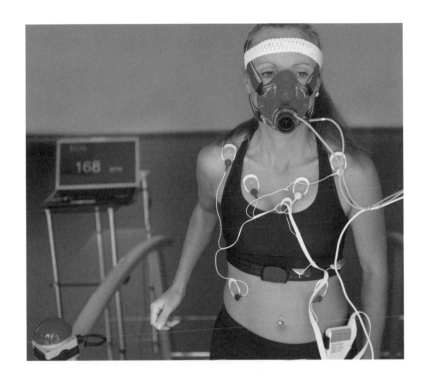

這個方法得出的結果是相當精準的，可惜因為受試者必須整天戴著這樣的面罩，在學術之外的應用範圍又不廣，所以一般大眾鮮少會做這個測試。

為了解決這個問題，科學家只好利用數學公式來「推估」熱量消耗。你有時候會在App或是網站上，看到計算每日基礎代謝率的小工具，就是將體重、年齡、活動量等參數套入公式後推導出來的。但公式推導有個大問題：它沒那麼準確。我找到了3篇研究來向各位讀者說明這個論點：

- 美國學者維爾（Weyer C）發表在《肥胖與代謝異常期刊》的研究：測量916位男女的每日總熱量消耗後，研究者發現最高與最低的測量值差距竟然可以超過3倍（從1251大卡到4225大卡）。即使在輸入肌肉、體脂肪、性別、種族等參數後，還是有15%的個體差異沒有辦法被熱量計算公式準確預測。

- 美國學者尼爾森（Nielsen S）發表在《肥胖與代謝異常期刊》的研究：即使考慮脂肪量、肌肉量等參數後，個體間熱量消耗值還是有很大差異（標準差150～180大卡／日）。

- 引述美國學者康寧漢（Cunningham JJ.）發表在《美國臨床營養學期刊》的文獻：「即使將所有已知因子納入計算，我們還是無法解釋個體間會有差異甚大的基礎、睡眠，以及休閒活動代謝率。這其中可能有遺傳、內分泌、神經系統……這些無法被客觀測量的因子在作祟。」

更糟的是，因為電阻式體脂計的準確性慘不忍睹（沒錯，包括商業健身房裡面最常見的體脂計In-Body在內），一般人根本無法準確知道自己的肌肉量、體脂率。常見的計算公式僅採用體重、年齡、活動量等參數，在忽略肌肉量與體脂肪的情況下，準確性會「遠遠」比上面的3個研究差。

所以囉！即使App說你每日代謝量為2000大卡，真實的數值可能完全不是這樣的。在無從得知每日消耗量的情況下，想靠計算卡路里減重是不切實際的幻想。

▋那麼跑步機上的卡路里數值呢？

既然我們知道預估基礎代謝率很困難，那麼提高運動能量消耗，參考跑步機上的卡路里數字，這樣總行了吧？可惜跑步機上的熱量消耗值往往也是不準確的，因為：

- 體重、體脂肪的差異：空手跑步當然比扛著10公斤的游（脂）泳（肪）圈更省能，但跑步機往往沒有考慮到運動者的體重，40公斤的人跟80公斤的人跑一樣距離，消耗的熱量會差很多，但跑步機顯示出來的都是同一個數字，豈不是很詭異？

- 跑步效率的差異：經驗多、技巧好的跑者可以在同樣的跑速或距離下，耗費更少的能量。

- 跑步機告訴你的數值是「總熱量消耗」，這是基礎代謝率加上運動耗費熱量的總和。如同之前提到，基礎代謝率很難被準確估算，所以跑步機給你的加總數字也不會太準確……

在考慮以上所有因子後，2004年一篇《醫學、科技與運動期刊》的文獻認為誤差值可以縮小到10%或更低，但在現實世界，大家高矮胖瘦、跑步效率、基礎代謝等許多變因的影響下，跑步機上的數字可能與事實差距更遠。（上述提及的研究找的都是年輕人，身高體重幾乎一樣，連體脂率都差不多。我覺得這篇研究作弊做得很嚴重。）

消耗過頭會導致消耗變少？

當然你可能會說：如果我持之以恆每天都多消耗一些，就算我不知道確切數值，一年之後就會有成果了！沒錯，持之以恆地運動「會」幫助減重，只是效果往往不如預期。如同澳洲學者金恩（King NA）2007年發表在《肥胖期刊》的論文所提到的，當身體察覺到運動消耗掉太多能量時，會做出以下兩種反應：

- 行為模式改變：飢餓感增加，促使個體去覓食以補足這個熱量缺口。

- 內分泌與代謝率改變：身體會進入節能模式，提升耗能效率並降低不必要支出。

行為模式改變應該不用多說吧？運動完會感到胃口大開的讀者請舉手。過去的研究也證實，運動量較大的孩子會用更多的食物來補足消耗掉的能量。那如果我強迫你運動，卻又不讓你多吃會怎樣呢？這個問題可以在布查德教授著名的「同卵雙胞胎對固定熱量攝取與運動的反應」實驗中獲得解答：受試者被集中管理住宿93天，還逼迫每天要踩腳踏車運動，其間進食的量都是被嚴格控管的。

啊哈！你想，多運動、吃的量固定，這樣應該會瘦了吧！的確，大家都瘦了，但僅有預測值的78%而已。雖說運動會保留肌肉量，提高基礎代謝

率，但身體也不是省油的燈（或應該說「是」省油的燈），察覺到食物不足時便開啟節能模式，硬是省下22%的熱量。從某個角度看來，身體幾乎像是「主動在抗拒」體重改變。

從本篇的文章中，我們得知以下幾點：

- 計算基礎代謝率的公式都有誤差。

- 跑步機上的卡路里消耗量僅供參考，跟它認真就輸了。

- 運動消耗掉的熱量會引起身體產生代償反應，使得每日消耗量更難被準確估算。

在這麼多複雜且互相影響的因子作用下，計算卡路里消耗量是一點意義也沒有的。我會這麼說，是不希望大家沈浸在加減乘除的世界中，而忘記了減重需要的不是計算機，而是對食物、運動、身體機能更多的認識。數學不能幫你減重，營養學、生理學才能。

接下來在卡路里「無用」的最後一個理由中，我要帶大家來看看脂肪儲存的生理運作，與計算卡路里有什麼樣的關係。

為何計算卡路里沒有瘦？❹
受內分泌控制的脂肪

脂肪生長是受到內分泌的嚴密控管，而非一個被動的過程，所以計算熱量的進出顯得沒有意義，忽略了更重要的事情：數學不能幫你減重！

終於來到卡路里系列文的最後一篇了！之前在系列文中我們談到了「攝取與消耗互相影響」、「卡路里生而不平等」與「無法得知消耗多少熱量」這幾個概念，相信各位讀者應該開始對卡路里有些不同想法，並且開始嘲笑那些還在計算卡路里的朋友們。在最終篇裡，我要來探討一個最重要，卻也是最少人知道的概念：「**脂肪生長是受到調控的**」。

人體生長有嚴密的監控機制

自然界的生長都是受到控制的，這點應該沒有人會質疑。我們不會在30歲那年長高10公分，更不會沒事長出第六隻手指。人體的生長都是經過規劃，事先安排好的。毛髮生長、孩童長高、運動員長肌肉、孕婦肚子變大，一切都是受到環境、基因、內分泌、神經系統的交互作用在控制著。

如果沒有青春期性荷爾蒙分泌，男生不會有鬍子，女生乳房不會生長；沒有生長激素的幫助，姚明不會長到229公分高；沒有人類絨毛膜性腺激素❶的刺激，子宮內膜就無法轉變成供應養分的胎盤。

人體的生長沒有一個不是受到嚴密控制的。甚至，人體具備有許多機制（例如所謂的「煞車基因」會促使基因突變的細胞自我毀滅）來防止不受控制的生長，當這些機制失效時，癌症就產生了。

既然人體的生長都是受到內在控制的，我們不會指著路上孕婦的大肚子說：「啊！她一定是太貪吃，肚子才變得那麼大的。」更不會指著姚明說：「你一定是青春期的時候吃太多，才長得那麼高。」那為什麼我們會在心中暗暗思忖：「前面那個挺著大肚腩的中年男子一定是吃太好，又整天躺在沙發上看電視，才變得那麼胖。」

同樣都是人體的生長，為什麼我們會有如此認知上的落差呢？

▍誰來決定脂肪細胞的生長？

不意外的，脂肪細胞的生長也受內在控制，尤其是各種荷爾蒙的影響。最近幾年科學界發現脂肪生長可能與瘦體素、脂聯素（Adiponectin）等荷爾蒙有關，這些發現深刻地影響目前肥胖研究的走向。

上述提到的瘦體素，正是掌管人類胖瘦的重要推手。

瘦體素是一種脂肪細胞分泌的賀爾蒙，它能告知大腦目前身體的能量儲備情況。如果體脂肪儲量高，接受到大量瘦體素信號的大腦就會調降食慾，讓人瘦一些下來；反之，如果身體的脂肪儲備因減重、飢荒、或其他原因而偏低，大腦就會大力促進食慾，讓人時時刻刻都想吃東西。（減重者是不是心有戚戚焉？）

❶人類絨毛膜性腺激素：是一種荷爾蒙，在懷孕初期幫助刺激子宮內膜成長，讓胚胎得以持續發育。

科學家第一次在人體上觀察到瘦體素的作用，是在兩位有血緣關係的小朋友身上。

第一位病童（女）出生時體重3460公克，並不算特別大隻，但不到2歲體重就已超過20公斤，8歲時更是超過60公斤重。第二位病童（男）則在2歲時體重就飆到29公斤，體脂肪57%，極端的肥胖讓他行走都非常困難。

後續的抽血檢驗證實，她們有同樣的基因突變而無法產生瘦體素，造成大腦一直誤認為體脂肪儲量偏低，而瘋狂刺激進食。

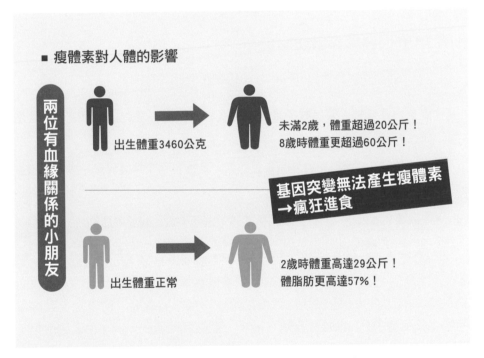

■ 瘦體素對人體的影響

兩位有血緣關係的小朋友

出生體重3460公克
未滿2歲，體重超過20公斤！
8歲時體重更超過60公斤！

基因突變無法產生瘦體素
→瘋狂進食

出生體重正常
2歲時體重高達29公斤！
體脂肪更高達57%！

這個案例讓科學家第一次觀察到瘦體素的作用，原來無法產生瘦體素就會讓大腦一直誤會體脂肪儲量不足而瘋狂進食，造成肥胖！

雖然大部分人都不是因為缺乏瘦體素而日漸發福，但肥胖本身會造成大腦對瘦體素的信號不敏感，產生「瘦體素阻抗」的情況。這就好像肚子上的脂肪細胞在大喊：「我們這邊很擁擠啦，請別再送更多脂肪過來了！」但大腦卻戴著耳機聽音樂，對下方傳來的哀嚎渾然不覺，依然不停要主子（就是我們）多吃一些。

我們有辦法讓大腦拿下耳機，聽見瘦體素的信號嗎？研究發現當老鼠從高油高糖的加工食品，被切換至只有低調味、低加工的普通飲食後，瘦體素又能重新發揮作用，讓老鼠自動自發地少吃並減去體脂。

▍荷爾蒙也會影響脂肪的儲存

不只是瘦體素，許多已知的內分泌疾病都與肥胖有關：

- **庫興氏症候群**：腎上腺皮質素的過度分泌，患者常有軀體肥胖、毛髮增生、血壓高等表現。

- **多囊性卵巢症候群**：女性荷爾蒙失調，症狀包括了月經異常、多毛、體重增加等。

- **甲狀腺功能低下**：常見症狀包括怕冷、食慾不振、體重增加等。

眼尖的讀者會發現：甲狀腺功能低下的患者既食慾不振又體重增加，這怎麼可能呢？原來甲狀腺素負責調控人體代謝率，甲狀腺素缺乏的患者會有異常降低的代謝率，也難怪他們可以達成「喝水就會胖」的傳說。正因為脂肪生長受到內分泌的嚴密控管，而非一個被動的過程，我才會大膽地說：「計算卡路里是沒有意義的。」

讓我們來考慮以下兩種情境：

- A男身體健康，每天攝取2000大卡熱量，慢跑30分鐘。

- B男內分泌失調（胰島素過高），每天攝取2000大卡熱量，慢跑30分鐘。

過了10年之後，他們的體型會一樣嗎？

內分泌會影響多少熱量是被儲存或消耗。在飲食、運動條件完全相同的情況下，體態依舊會往截然不同的方向發展。

脂肪的生長是主動、經控制的，而非被動的「我吃多少，肚子上的肥肉就長多少」。當體內環境傾向儲存時，不管你是節食還是運動，吃下去的能量都會被送進脂肪細胞內儲存；當內分泌正常運作時，想要靠多吃來增胖還很難呢！不信嗎？請見Part 1「難以捉摸的基礎代謝率」（p.42）文。正因為脂肪的生長與消耗會經由內分泌（胰島素）控制，所以計算熱量的進出才顯得沒有意義。

「我已經吃那麼少，每天都跑10公里，為什麼還是瘦不下來？」

「我天生體質不好，只要喝水就會胖。」

「隔壁的大叔一定是吃太好又不運動，才會變得那麼胖。不像我每天打

籃球消耗熱量，身材才那麼好。」

我認為這一切的疑惑與偏見，只要將內分泌的作用納入考慮，就能迎刃而解。真的有人吃一點點就會胖嗎？當然！如果你的甲狀腺不賞臉或是正在服用類固醇藥物，吃一點點就會讓你胖。肥胖是單純吃太多動太少嗎？當然不是！忽略內分泌強大的影響力，而僅怪罪肥胖者的行為本身，是還挺不公平的。

Dr.
史考特　1 分鐘小叮嚀

至此，「為何計算卡路里沒有用」系列也告一段落了，來為各位讀者做個總整理：

- 「攝取與消耗互相影響」：所以我們沒有辦法單純地調控攝取與消耗來減去多餘的脂肪，改變其中一個勢必會影響其他參數。
- 「卡路里生而不平等」：只考慮食物的量而忽略質，就好像數鈔票不計較數到的是千元鈔還是百元鈔。
- 「無法得知消耗多少熱量」：只有精密的儀器能告訴我們消耗多少熱量，常見的估計公式誤差都很大。
- 「脂肪生長是經嚴密控制的」：脂肪的生長是主動、經控制的，而非被動的「我吃多少，肚子上的肥肉就長多少」。

一樣米養百樣人，有些人不放過所有細節，有些人不喜歡拘泥於小節。如果您屬於前者，喜歡數字與Excel表單，我並不反對計算卡路里。但對於剛開始減重的朋友，我很少會建議每天算熱量。認識三大營養素、了解基本的份量計算、避開地雷的加工食物，再搭配每週紀錄體重、腰圍、體態，這樣

就已經做到80分了，不需要把減重搞得更複雜。

　　計算卡路里的進出不僅誤差龐大，忽略了身體的代償機制，更不能告訴你內分泌目前的狀況，在這上面花費時間精力實在不值得。過於沉溺於數字的加減，卻忽略了更重要的事情（例如少吃糖、精製澱粉），也難怪多數人的減脂之路會如此跌跌撞撞了。

多量少餐更能瘦？

研究發現「多量少餐」、將一天進食時間壓縮在數個小時內，或是所謂的「間歇性斷食法」，這樣的進食策略很可能才是自然的，也更能維持健康的體態與代謝。

我曾被讀者問到一個非常關鍵的問題：「**是否少量多餐才能減脂？**」

一直以來，健美運動界相信少量多餐能避免過量飲食，保持血糖、胰島素穩定，而且更重要的是：能夠幫助消脂。我曾經也是少量多餐的信徒，可惜帶著4、5個餐盒去醫院上班真的太困難了，一直沒能實行（嘆）。

但如同所有的科學理論，少量多餐的觀念近年來受到嚴峻的檢驗，反而某些研究發現「多量少餐」、將一天進食時間壓縮在數個小時內，或是某些讀者可能聽過的「間歇性斷食法」[1]，能幫助人們消去多餘體脂、改善代謝指標，甚至逆轉糖尿病。在這篇文章中，我要帶大家來一起看看「多量少餐」能有什麼樣的效果。

小白鼠的吃到飽地獄

想像看看，如果你被豢養在一間牢房中，裡面永遠有吃不完的炸雞、薯條、可樂，那會是天堂，還是地獄？這正是美國學者對可憐的（？）小白鼠做的事情。

[1] 「間歇性斷食法」：翻成白話就是「有些時候不吃東西」，而非「完全不吃」或「少吃東西」。例如每天的晚上8點到早上8點不進食、1週選擇一個24小時時間不進食，或隨機地少吃一餐，都可以叫做間歇性斷食法。

2014年，美國學者柴克斯（Chaix A）在《細胞─新陳代謝期刊》上，發表一篇名稱為「以間歇性餵食預防飲食相關代謝疾病」的研究，以「容易發胖」且「無限量供應」的高脂高糖飲食餵養392隻實驗室老鼠12週，並以供餐時間的不同將老鼠分為3組：

- 24小時組：無限量供應的發胖「地獄」。

- 15小時組：也是無限量供應，但1天只營業15小時，其他時間是沒東西可吃的。

- 9小時組：無限量供應，但1天只營業9小時。

不管是24小時還是9小時，3組的老鼠最後都吃下相差不遠的卡路里總數，可見9小時組的老鼠也知道去吃到飽是不能虧本的。而研究結果出來，所有人都驚呆了，這三組老鼠的體重變化竟然不同！9小時吃到飽組的老鼠在實驗期間的增重幅度是26%，15小時吃到飽組的增重幅度則是43%，而24小時不間斷吃到飽的老鼠增重幅度高達65%。

儘管吃的質與量相同，但是限制每日的進食時間，明顯地減緩高脂高糖飲食對老鼠的影響。

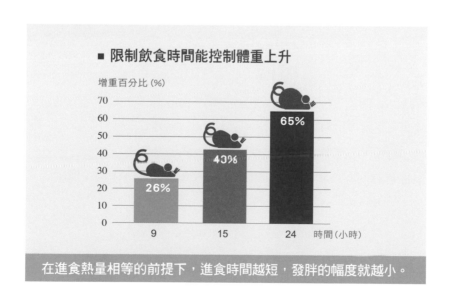

在進食熱量相等的前提下，進食時間越短，發胖的幅度就越小。

這群有創意的研究者還讓老鼠仿照人類的作息，進行週間間歇性斷食的實驗：週一到週五規律飲食，也就像上班的日子只有9小時的進食時間，而週六週日則可以放心大吃（就像週末朋友聚餐連續24小時馬拉松吃到飽）。

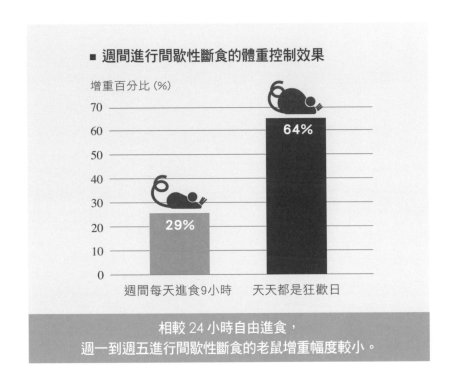

這兩組攝取熱量相同，但週一到週五進行間歇性斷食的老鼠體重增加29%，24小時無限制進食的老鼠則增加64%。如果原本就是胖子的老鼠們，間歇性斷食有沒有辦法幫助牠們呢？當然能！

實驗發現，原本肥胖、天天無限制進食的老鼠被換到間歇性斷食組後，在實驗進行的期間，體重下降了11%。相對來說，沒有換組、繼續天天狂歡24小時吃到飽的老鼠，體重則是持續上升了12%。

■ 間歇性斷食與無限制進食的實驗結果比較

間歇性斷食

體重↓11%

繼續天天狂歡

體重↑12%

轉換到間歇性斷食的胖老鼠們，體重減輕 11%。
維持原本飲食的老鼠胖了 12%。

在這個研究中，我們看到了~~血淋淋的~~事實：調整進食的時間後，儘管老鼠們吃下的熱量相同，體重變化卻大不相同！不僅卡路里生而不平等，在什麼時間吃下卡路里也很有關係！

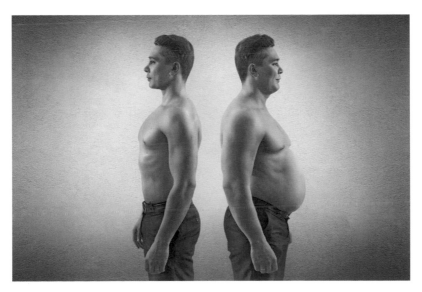

相同熱量、不同進食時間 = 不同的體重變化

▎間歇性斷食法除了減重，更能促進健康！

除了保持低體重之外，間歇性斷食法能讓老鼠在不健康的飲食下：

- 保持肌肉量，但減去體脂。

- 降低體內發炎。

- 增加胰島素敏感度（這點對「一分鐘」的忠實讀者應該不會太意外吧）。

- 較低的血液膽固醇。

- 更好的肢體協調以及耐力。

好了，我們講完了這篇研究的驚人發現，也要來平衡報導一下：這篇研究的缺點是什麼？

- 老鼠與人的生理機轉大不同，老鼠身上的研究發現未必可以套用在人類身上。例如老鼠吃高脂食物會發胖，人類卻未必。

- 這個研究故意餵食老鼠「不健康」的飲食，來看看間歇性斷食法是否有保護的作用。但在「健康飲食」的狀態下，間歇性斷食法的效用無法由本篇研究來推論。

- 間歇性斷食好，還是傳統三餐好？目前的人類研究尚未有共識，我期待未來還有更好的研究能給我們答案。

另外，很重要的一點是：**糖尿病患與末期肝病病友，如果想要嘗試斷食法一定要先諮詢醫師。**這兩個族群特別容易受到低血糖的影響而發生危險。

Dr. 史考特　1 分鐘小叮嚀

　　間歇性斷食法乍聽之下很極端、很變態，還有一種「不肖商人」又要唬弄大眾的感覺。其實對一個 5 點吃晚餐、8 點吃早餐的正常人來說，他每

天都在進行長達15小時的間歇性斷食。（更何況叫人不吃東西是賺不到錢的，這其中絕對無詐，請各位讀者放心）我猜測，吃宵夜會胖的說法，未必該歸咎給深夜進食本身，說不定反而是因為宵夜的品質低（雞排、珍珠奶茶……），又打破了原先存在的「間歇性禁食」，才會那麼容易使人胖。

其實間歇性斷食很可能才是人類在自然狀態下的進食模式。試想，在小7跟麥當勞占領大街小巷前，人類的祖先步行在森林、沙漠、沼澤、草原上，哪有可能三餐都吃得又好又飽？因此人體在面臨短期的食物短缺時，有一系列的應變機制，能維持體能與精力來繼續覓食，這樣的進食策略很可能才是自然的，也因此更能維持健康的體態與代謝。

再者，除了糖尿病患外須注意低血糖外，每天挑選一段時間禁食能產生的副作用極小，不會增加額外花費，還可能產生上述提及的各種好處，非常值得各位想減脂的朋友參考。

甜蜜的滋味，苦澀的真相❶ 糖是讓我們瘦不下來的凶手？

美國有60%以上的人口BMI超標，但過去30年來，他們並沒有吃得比較大魚大肉，而是多吃了更多的碳水化合物……。

許多人對糖的印象就是甜、美味，但僅有熱量，沒有營養。但我認為：**糖並不只是一種沒營養的熱量。**

糖對人體大腦、肝臟、內分泌系統的影響，在肥胖的盛行中扮演著關鍵角色。在這一系列文章中，我將秉持著實事求是的精神，以詳盡的科學實證來為大家介紹「糖」這個物質。準備好了嗎？希望你會對這甜蜜的白色物體徹底改觀。

什麼才是導致肥胖的元凶？

肥胖問題在過去30年間席捲全世界人口，從最富裕到最窮困的國家，無不存在著體重問題，不僅影響個人的外表，肥胖還會帶來許多相關的慢性疾病，例如：心臟病、糖尿病、癌症等等，難怪無論是美國政府或WHO（世界衛生組織）都將解決肥胖問題當作第一要務。

以下，我們用美國人的公共衛生歷史資料，來看看肥胖盛行於美國的趨勢。我們來看看美國1960年至今的肥胖人口趨勢圖，藍色線條

代表BMI超過25的人口，黃色線條代表BMI超過30，紅色則是BMI超過40、達到病態肥胖的程度。可以看到藍色曲線似乎保持穩定的狀態，但那是因為原本正常體重的人變成過重，原本過重的人變成肥胖（慘）。

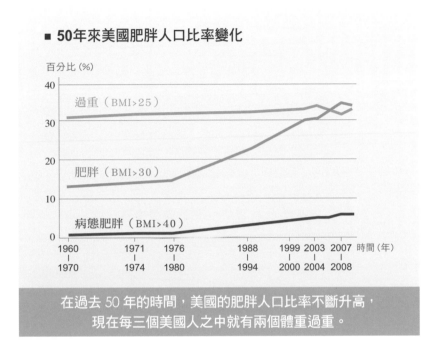

■ 50年來美國肥胖人口比率變化

在過去 50 年的時間，美國的肥胖人口比率不斷升高，
現在每三個美國人之中就有兩個體重過重。

美國在2008年時，BMI高於25的人口已經超過60%。許多朋友可能會直覺地認為：現代人就是吃太好又不動，成天大魚大肉，想不胖也難！但事實真的是這樣嗎？

在這邊，我們必須再借用美國詳盡的公衛資料庫來分析。

下面為美國男性、美國女性在過去30年來的熱量攝取趨勢。在蛋白質（Protein）的攝取上，男女皆保持穩定。你可能會很意外的是在過去30年，美國人飲食中的油脂（Fat）比例穩定地減少，只有碳水化合物（Carbohydrate）的熱量比例是不斷升高。

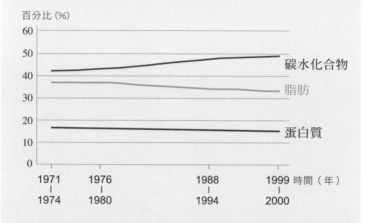

■ 美國男性在過去30年的熱量來源比例

百分比 (%)

碳水化合物
脂肪
蛋白質

1971   1976   1988   1999 時間（年）
1974   1980   1994   2000

■ 美國女性在過去30年的熱量來源比例

百分比 (%)

碳水化合物
脂肪
蛋白質

1971   1976   1988   1999 時間（年）
1974   1980   1994   2000

碳水化合物逐漸成為美國人飲食中的主要熱量來源。

❶ NHANES是問卷調查，由受訪者自己回報每日攝食內容，因此糖攝取量很可能被低估，畢竟人性就是報喜不報憂。

　　從上圖可以得知，美國人的餐桌並沒有擺滿大魚大肉，反倒是出現了更多的碳水化合物。

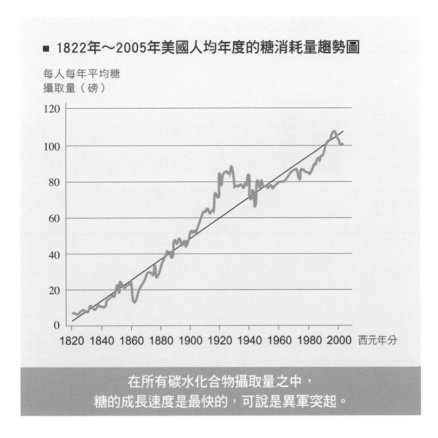

■ 1822年～2005年美國人均年度的糖消耗量趨勢圖

每人每年平均糖
攝取量（磅）

在所有碳水化合物攝取量之中，
糖的成長速度是最快的，可說是異軍突起。

而糖在今日美國人的飲食中，已經占了超過10%的總熱量，甚至在12～19歲的年輕人中達到15～16%。

美國的全國健康與營養調查檢查（NHANES）❶顯示美國人平均一年吃下60磅（28公斤）的糖，這相當於每天吃下76公克、306大卡的糖。美國商業部與農業部（USDA）的資料更顯示美國人每年更吃下超過100磅（45公斤）的糖！

可以見到，過去30～40年來，美國人並沒有吃得比較大魚大肉，而是吃得比較甜！同一期間，肥胖人口也大幅增加。

我們可以確切地說：肥胖與糖分攝取有一個「正向關聯」存在。

高果糖糖漿是加工食品中最常用的甜味劑，也是人
們吃最多的糖。

運動量不夠是肥胖的主因？

除了飲食，也會有人懷疑是否是運動量不足，才導致現
代人的肥胖問題？但根據NHANES問卷調查❷，美國人規律運
動的比率越來越高，這與過去20年來健身風潮席捲美國、知名
運動品牌的行銷成功、健身相關產業不斷擴張的現象是互相吻
合的。

❷ 我承認在運動習
慣上，確實也存在
著「報喜不報憂」
的問題。NHANES
的確不是個十全十
美的研究，可惜在
針對運動習慣的調
查上，目前沒有更
好的來源。

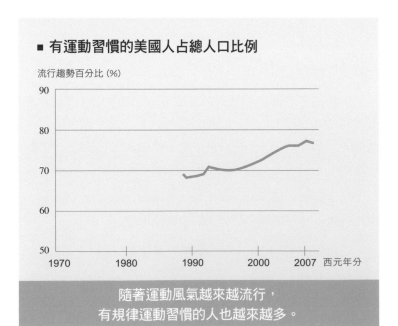

■ 有運動習慣的美國人占總人口比例

流行趨勢百分比 (%)

隨著運動風氣越來越流行，
有規律運動習慣的人也越來越多。

總結本篇重點：

- 肥胖問題困擾著全世界的人口，在美國尤其嚴重，有60%以上的人口BMI超標。

- 美國人過去30年來並沒有吃得比較大魚大肉，但他們多吃了更多的碳水化合物。

- 美國人的糖攝取量成長驚人，並且與肥胖人口比例成正向相關。

- 根據問卷調查，美國過去30年來規律運動的人口是增加的。

從這些線索看來，糖似乎就是造成肥胖的凶手。但如同我一直強調的，**嚴謹的科學不應該只從觀察性研究得出結論**。有沒有更好的科學證據能將糖定罪？就讓我們繼續看下去……

甜蜜的滋味，苦澀的真相❷
認識你的減重敵人！

你是否吃得低脂、低熱量，卻怎樣都無法減重？或許你吃的「低脂健康食品」裡過多的糖分，就是妨礙減重的凶手！

孫子兵法有云：「知己知彼，百戰不殆。」我也說：「除了熟悉人體的運作，還要認識我們的敵人，才不會在減脂戰爭中失利。」

這一篇，我要來為大家介紹：糖究竟是什麼？生活中又有哪些地方隱藏了你看不見的糖？希望本篇能幫助你清楚地認識減重的敵人，進而在維持健康體重的長期戰役中百戰百勝！

▋ 糖與人類的歷史

人類吃糖的歷史非常久遠，甚至在文明的起源之前，人類的祖先就可以自水果、蜂蜜取得糖分。不過在現代化農業發展品種改良之前，人類能取得的糖是非常稀少的。如果你有吃過野地裡自然生長、又酸又澀的水果，應該就能了解我為什麼這樣說。

大約在西元前6000年左右，南亞開始有小規模的甘蔗種植。9世紀時，阿拉伯商人將甘蔗引進地中海沿岸國家，糖作物才在歐洲興盛起來。

18世紀時，歐洲人在熱帶殖民地運用當地廉價勞力大量種植產糖作物，一時間，糖的進出口成為了歐洲國家重要的財政收入來源。台灣曾經也是糖的重要產地之一。

由下圖可以看到，隨著產糖作物大量種植以及製糖產業的發展，

1920年代糖的消耗量在美國達到了一個歷史新高點。這個數字持平了50年，直到1970年代，日本科學家發明了新技術，將無味的玉米漿轉化為便宜、甜度又高的「高果糖玉米糖漿」，於是糖分的消耗量才又進入了下一個快速成長期。

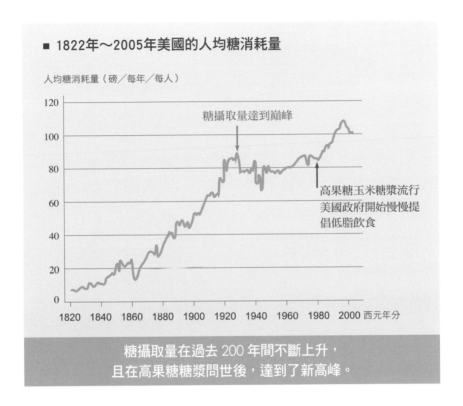

■ 1822年～2005年美國的人均糖消耗量

人均糖消耗量（磅／每年／每人）

糖攝取量達到巔峰

高果糖玉米糖漿流行
美國政府開始慢慢提
倡低脂飲食

糖攝取量在過去 200 年間不斷上升，
且在高果糖糖漿問世後，達到了新高峰。

▍糖有哪些？

葡萄糖、乳糖、蔗糖、麥芽糖、果糖……這些名詞相信大家都耳熟能詳，到底我們想建立的「假想敵」是哪一位呢？在這邊要跟大家說清楚，講明白：糖有那麼多種，實際用在食品中作為甜味劑的，還是以**蔗糖**與**「高果糖玉米糖漿」**為主。理由很簡單，這兩種又甜又便宜。

在糖類的世界裡，高果糖糖漿與蔗糖是高甜度的優等生。果糖雖然甜度最高，但由於來源並不充沛，因此還是由蔗糖與高果糖糖漿占據了第一、第二的寶座。

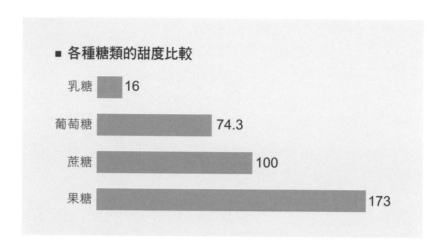

■ 各種糖類的甜度比較

糖類	甜度
乳糖	16
葡萄糖	74.3
蔗糖	100
果糖	173

蔗糖是葡萄糖與果糖以1：1的比例「結合」形成。高果糖玉米糖漿（以下簡稱「高果糖糖漿」）是葡萄糖與果糖以45：55的比例「混合」而成，糖分子間並不形成鍵結。

糖藏在哪裡？

糖在現代生活中無所不在，卻常常在不知情的情況下被我們吃下肚，因為狡猾的糖有許多化名，讓它成功隱身在營養成分表中不被揭露：

✓ 麥芽萃取物	✓ 果糖	✓ 玉米甜味劑
✓ 甘蔗蒸發液	✓ 寡糖	✓ 蜂蜜
✓ 砂糖	✓ 楓糖漿	✓ 麥芽糖
✓ 轉化糖漿	✓ 濃縮果汁	✓ 玉米糖漿

除了平鋪直敘的「糖」之外，它其實有多種身分而不易被發現。我到大賣場隨意選擇一款燕麥棒，它的成份標示除了「糖」之外，還有兩種等同於糖的甜味劑。你看得出來有哪些是「糖」嗎？解答在下一頁的圖片上。

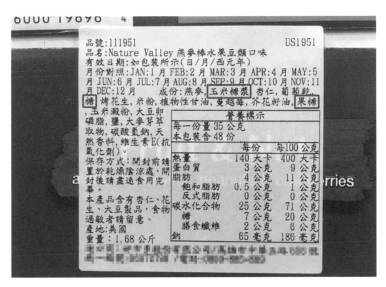

市售的燕麥棒藏了許多看不見的糖

　　當我們到超市，選購一款「穀類鮮果早餐」穀片，翻到營養標示，仔細閱讀才知道40公克的重量裡竟有12.1公克是糖，也就是說，這種穀片有30%的重量來自糖。你還認為「穀類鮮果早餐」是健康的選擇嗎？

營養標示 Nutrition Facts		
每一份量 **40** 公克　Serving Size 40/g		
本包裝含 **10** 份　Servings per package		
	每份 Per Serving	每日參考值百分比% Daily Percentage Reference Value
熱量 Energy	144大卡 Kcal	7%
蛋白質 Protein	2.6公克　g	4%
脂肪 Fat	0.6公克　g	1%
飽和脂肪 Saturated Fat	0.3公克　g	2%
反式脂肪 Trans Fat	0公克　g	*
膽固醇 Cholesterol	0毫克　mg	0%
碳水化合物 Carbohydrates	30.7公克　g	10%
糖 Sugars	12.1公克　g	*
鈉 Sodium	146毫克　mg	7%
膳食纖維 Dietary Fiber	2.4公克　g	10%
維生素 B2 Vitamin B2	0.3毫克　mg	19%
維生素 B6 Vitamin B6	0.4毫克　mg	25%
維生素 E Vitamin E	0.9毫克α-TE　mg α-TE	7%
菸鹼素 Niacin	3.1毫克NE　mg NE	17%
葉酸 Folic Acid	61.4微克　µg	15%
鈣 Calcium	130毫克　mg	11%
鐵 Iron	2.2毫克　mg	15%
鋅 Zinc	2.4毫克　mg	16%

早餐穀片也隱藏了大量的糖

番茄醬、罐頭湯、果汁都是富含糖分的加工食品。除了巧克力、餅乾、蛋糕、飲料這些吃起來很明顯會甜的食物外，麵包、餅乾、各種醬料、加工乳製品、醃漬肉品，特別是強調「低脂」的加工食品，都少不了糖。

　　甚至一般認為健康的食品如優酪乳、果汁、果醬、運動飲料、早餐穀片、燕麥棒、沙拉醬等都是高含糖量的食品。

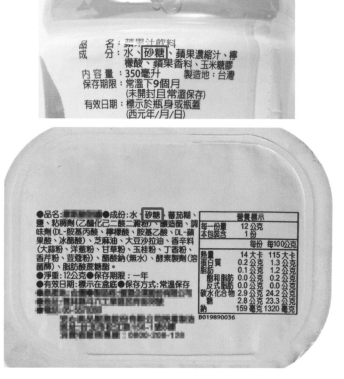

市售的果汁和醬料也是富含糖分的加工食品

　　你是否吃得低脂、低熱量，卻怎樣都無法減輕體重？或許，你吃的「低脂健康食品」裡過多的糖分，就是妨礙減重的凶手！

總結這一篇的重點：

• 蔗糖、高果糖玉米糖漿是現代食品中最常見的糖。

• 上述兩者都是由葡萄糖與果糖結合或混合而成。

• 糖類以各種不同名目隱藏在營養標示表中。

• 許多意想不到的地方都有糖，包括果汁、穀片等「健康食品」。

在下一篇文章中，我將會聊到糖除了造成肥胖之外，對身體還有什麼樣的影響？

甜蜜的滋味，苦澀的真相❸
美味的毒藥

為什麼肚子不餓，但還是有「嘴饞」的感覺？就是糖分對大腦的刺
激，才讓我們在熱量足夠之下，仍然吃個不停！

在之前的文章中，我們討論到糖與肥胖之間的關聯，還介紹什麼
是糖，日常生活中又有哪些地方隱藏著我們看不到的糖。我要把戰線
再度延長，來跟各位讀者聊聊糖在體內的獨特代謝路徑，以及過量攝
取所產生的相關病理、生理變化。

▍果糖會促進脂肪合成

澱粉、碳水化合物在吃下肚之後，都會立即被分解成葡萄糖供全
身細胞利用，或是合成肝醣，儲存起來以備不時之需。所以專家都說
葡萄糖是生命的基本能量來源，因為各式各樣的身體組織都能利用葡
萄糖。

但果糖就沒有這麼受歡迎了。身體大部分的細胞都缺乏供果糖進
出的通道，也沒辦法直接利用血液中的果糖，只有肝臟能處理果糖，
其他地方一律拒收。從這個角度看來，果糖跟酒精非常類似。

假如你今天灌了一大杯含糖飲料，其中的果糖成分一下子湧入肝
細胞，這時候會發生什麼事呢？

• 果糖會刺激肝臟合成脂肪。

• 果糖經代謝後的產物，恰好是製造脂肪的原料。

你沒看錯，果糖刺激肝臟脂肪產生，同時又提供製造脂肪的原料。

從下圖來看，紅色是吃下果糖之後的脂肪合成曲線，意思是早上10點吃下果糖後，脂肪合成一路飆高到晚上5點還沒下降。相對起來，葡萄糖組則維持平穩。

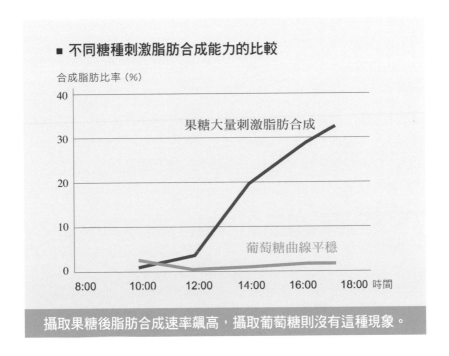

■ 不同糖種刺激脂肪合成能力的比較

合成脂肪比率（%）

果糖大量刺激脂肪合成

葡萄糖曲線平穩

8:00　10:00　12:00　14:00　16:00　18:00　時間

攝取果糖後脂肪合成速率飆高，攝取葡萄糖則沒有這種現象。

果糖吃進肚子之後，只有肝臟能進行代謝，而大量脂肪的合成全部都發生在肝臟。為了不被脂肪淹死，肝臟將多餘的脂肪用低密度脂蛋白（VLDL）運送出去，多餘的脂肪累積在肝臟會發生什麼後果？對，你想得沒錯，正是脂肪肝。

過量攝取果糖不僅促進大量脂肪合成，造成血脂肪飆高，運送不出去的多餘脂肪更會堆積在肝細胞中，長期下來可能造成非酒精性脂肪肝（Non-alcoholic fatty liver disease），其病理機轉在以色列學者恩賽爾（Nseir W）發表於2010年的《世界肝膽腸胃學期刊》的文獻中有詳細描述。有些朋友不喝

酒、沒有肝炎病史，卻長期肝指數飆高，避免過量糖分的攝取也許是一個理想的治療策略。

▎果糖與痛風、高血壓的因果關係

痛風是由尿酸結晶堆積在關節所引起的疾病，其症狀包括關節劇烈疼痛與不適，發作起來可不是開玩笑的。這幾年痛風發生的年齡越來越低，甚至我就有不止一個朋友有痛風的毛病，你是否知道這種文明病也可能與糖分的攝取有關？

如同剛才所提到的，果糖進入肝臟內之後促進脂肪形成，在這個代謝作用的過程中，大量的ATP（一種細胞能量單位）會被消耗轉變為AMP（單磷酸腺苷），而AMP又會進一步轉化成為尿酸，如下圖所示：

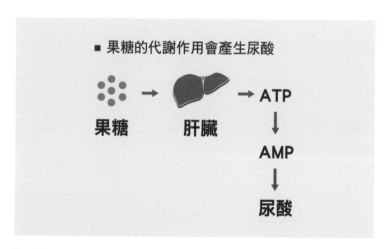

過量攝取果糖可能誘發痛風

觀察性研究發現含糖飲料喝越多的男性，得到痛風的機會也越高。人體實驗更證實，在血液中注入果糖會瞬間升高尿液中的尿酸濃度。親愛的讀者們，要是你也有年紀輕輕卻飽受痛風困擾的朋友，請推薦這篇文章給他們吧！

另外，過多的尿酸在血液中堆積還會產生一個意想不到的問題：高血壓。尿酸會影響對血管內皮細胞造成氧化壓力、阻礙放鬆血管的一氧化氮生成，使得血管平滑肌細胞無法正常放鬆，血壓也就隨之飆高了。不意外地，觀察性研究又發現到糖與高血壓之間的正向關聯。親愛的讀者們，你碰巧也有親友是高血壓患者嗎？

尿酸增加引發腎臟與血管病理變化，促成高血壓形成。

糖分促進食慾，卻不給你飽足感！

你知道糖不僅不會促進飽足感，還可能讓你吃下更多熱量嗎？蔗糖、高果糖糖漿中的果糖是一種很特殊的營養素，吃下肚雖然會合成脂肪，卻不會促進飽足感。在2004年《代謝與內分泌期刊》的研究中指出，12位女性在喝下添加葡萄糖或是果糖的飲品後，產生顯著不同的生理反應：

- 果糖組的「瘦體素」（Leptin）分泌比較少。瘦體素是一種促進飽足感的激素，研究也發現瘦體素越多的人，似乎也有越高的機會成功瘦身。

- 果糖組的「飢餓素」（Ghrelin）分泌比較多。飢餓素是一種促進食慾的激素，告訴大腦該進食了。

- 果糖組的部分受試者表示果糖飲品讓他們感到更飢餓，隨後的進食量也比較多。

研究還發現，不論是含高果糖糖漿或是蔗糖的飲品，都比使用零熱量代糖的飲品更能促進食慾。換句話說，雖然含糖飲料提供了受試者更多的熱量，這些熱量卻沒有讓他們感到飽足，反而吃下更多食物！（上述的蔗糖研究還發現受試者血壓上升了。）

下圖比較了高糖飲食與高澱粉飲食對血糖的影響。紅線代表含糖飲食，藍線代表富含澱粉的飲食。可以看見紅線的走勢比藍線更高低不平，代表飲食中的糖會讓血糖與胰島素劇烈起伏。

在進餐後，兩者都會使血糖升高，但在高糖飲食組的血糖升高幅度更高。此外，在進餐後的2～3小時內，高糖飲食反而使血糖跌到比用餐前的更低，這說明了飲食中的糖會使血糖劇烈起伏。

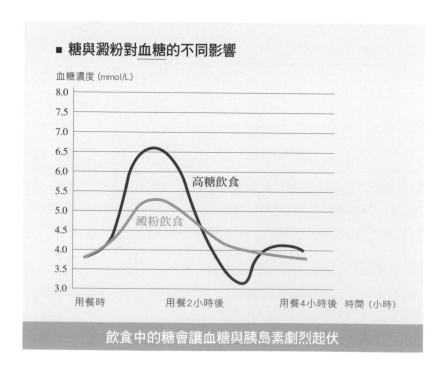

■ 糖與澱粉對血糖的不同影響

飲食中的糖會讓血糖與胰島素劇烈起伏

吃下糖或精製澱粉後，身體會大量分泌胰島素來應付突然湧入的糖分子。不過胰島素的作用不是說停就能停的，有時過度刺激胰島素的後果，反而會讓血糖比飯前還低，而**偏低的血糖會強烈地刺激食慾**。這或許能解釋為什麼吃下甜食或是精製澱粉的3～4個小時後特別容易餓：胰島素加班工作把糖分通通收起來，反而造成低血糖，讓身體以為吃飯的時間又到啦！

▌糖類也是一種古柯鹼？

糖與古柯鹼不僅外觀相像，都是白色粉末，對大腦的作用也有些相似！這不是危言聳聽，且聽我娓娓道來。我們攝取的糖能刺激大腦中的多巴胺（Dopamine）分泌，多巴胺是一種神經傳導物質，與大腦中的獎勵機制有緊密關聯。

什麼是大腦獎勵機制呢？這麼說好了，你是否曾在飽餐一頓、吃下一大碗冰淇淋、性行為或是抽完早晨第一根香菸後感到心滿意足，充滿活力呢？這就是多巴胺啟動了大腦獎勵機制，讓人感到愉悅的結果。

物競天擇讓人類大腦演化出這套獎勵機制，鼓勵我們去攝取營養豐富的食物、追求異性、繁衍後代，在自然環境下，大腦獎勵機制會驅使人類去做出對存活與繁殖有益的行為。

但人類文明發展後，各種刺激性物質如糖、尼古丁、毒品開始出現，這些物質能夠激發比天然食物更強烈的獎勵訊息，讓大腦「一試成主顧」，難以自拔。也難怪許多人一輩子都在與毒癮、菸癮奮戰。

糖的成癮性與傷害雖然遠比不上毒品，但在某一個程度上，兩者的效果是很類似的，如文獻所提的，糖與毒品都會：

- **過度攝取**：成癮後的老鼠，會需要越來越多的糖來得到滿足。

- **戒斷症狀**：停止供應糖給已經上癮的老鼠，會使得牠們焦躁不安。

- **強烈渴望**：戒斷糖分之後的老鼠再接觸到糖時，大腦會產生異常強烈的獎勵訊息。

- **交互作用**：成癮的效果會交互影響，例如過量攝取糖的老鼠也更容易酒精上癮。

這不是與我們日常生活中觀察到的情況非常像嗎？甜食容易越吃越多、一陣子不吃會更想吃、忍耐一段時間終於再吃到甜食的快感難以言喻、而且嗜甜的人也常喝咖啡、喝茶、抽菸。

更糟的是，腦部獎勵中樞會對糖的刺激越來越不敏感，也就是說我們需要吃更多的糖才能得到相等的效果。這個情形也出現在酒癮、咖啡癮之上，長期使用下，人們對酒精與咖啡因的耐受力越來越強，隨之也越喝越多。

糖對大腦的獎勵機制也能解釋為什麼我們雖然肚子不餓，但還是會有那種「嘴饞」的感覺，就是這類「高度獎勵」食物對大腦的刺激，才讓我們在熱量足夠之下，仍然吃個不停。

Dr. 史考特　1 分鐘小叮嚀

雖說西化飲食中過多的糖會傷害健康，但在適量的前提下，身體還是有辦法妥善代謝的，也不必因為這篇文而過度焦慮，連水果都不敢吃！我對於吃糖的哲學一直都是「能少則少，偶一為之」。在下一篇文章中，我將會分享針對糖的人體實驗結果是什麼？

甜蜜的滋味，苦澀的真相❹
穩健減糖不痛苦

不改變飲食、不增加運動習慣，光是戒掉含糖飲料的攝取，就能幫助人們對抗肥胖。減重用對方法，其實一點也不難！

在糖的最後一篇系列文中，我要來分享幾個與糖有關的人體實驗，並且提供一些原則性的建議，幫助大家與飲食中的糖和平共處。

加州大學戴維斯分校在2009年發表了一篇相當具有指標意義的研究。39位中年且健康的志願者，BMI在25～35之間（過重到中度肥胖），被集中進行嚴格的血液、身體組成測量記錄後，開始了共10週的實驗。一部分的受試者被分配到「果糖飲料組」，在10週的時間內每天都必須喝下占每日總熱量25%的果糖飲料；剩下的受試者則被給予一模一樣的指示，只不過他們的飲料中加的是葡萄糖。

你可能認為25%的熱量來自果糖有點太誇張了，與現實生活相去甚遠。但其實，1杯700cc的手搖茶就可能含有98克的糖，相當於400大卡的熱量，這對一個中等身材的女生來說，已經很接近一日熱量需求的25%了。還記得嗎？之前的文章中提到大部分的飲料中都是添加蔗糖或是高果糖糖漿，也就等同於一半果糖，一半葡萄糖；現實生活中的飲料很少是只加果糖或葡萄糖。

█ 高糖飲食與肥胖、體脂肪及血脂肪的四角關係

10週的時間結束後，實驗者有了驚人的發現。儘管果糖與葡萄糖吃起來都會甜，長期過量攝取對身體的影響可大不相同──這兩組在

10週的時間內都變胖了，但只有飲用果糖飲料的受試者，明顯增加堆積在內臟周圍的脂肪（Intra-abdominal fat）。如果你平時常關注健康新聞，應該會知道內臟周圍堆積脂肪是一件糟糕的事，與高血壓、糖尿病、高血脂症、心血管疾病的發生率都有正向關聯。

飲用果糖飲料的人，血脂肪（包括飯後三酸甘油酯、ApoB脂蛋白、氧化LDL❶）也飆升得比葡萄糖組更多。此外，長期飲用果糖會導致身體對胰島素的敏感度變差，意即身體現在需要產生更多的胰島素才能正常工作。我們之前提到過胰島素如何讓人變胖，胰島素敏感度變差也很有可能就是糖尿病的根本原因。

而飯後血糖的變化程度，葡萄糖組的飯後血糖從第零週到第九週有小幅上升，但未達顯著統計的幅度。果糖組的飯後血糖從第零週到第九週則有明顯差距，尤其在飯後1小時差距最大，而整體升高幅度也較大。（如圖1、2）

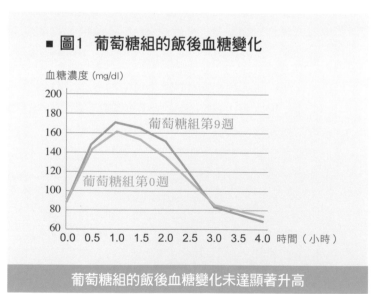

■ 圖1 葡萄糖組的飯後血糖變化

血糖濃度（mg/dl）

葡萄糖組第9週

葡萄糖組第0週

時間（小時）

葡萄糖組的飯後血糖變化未達顯著升高

❶ 氧化LDL：氧化LDL指的是「氧化低密度脂蛋白」，代表我們運送膽固醇的脂蛋白在血液中被氧化，這個東西正是造成血管阻塞的元凶。

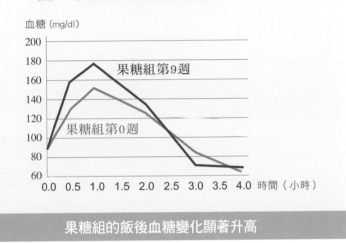

■ 圖2　果糖組的飯後血糖變化

血糖（mg/dl）

果糖組第9週

果糖組第0週

時間（小時）

果糖組的飯後血糖變化顯著升高

至於胰島素，葡萄糖組的體內胰島素穩定，從第零週到第九週沒有變化，但果糖組的胰島素從第零週到第九週卻有顯著升高。（如圖3、4）

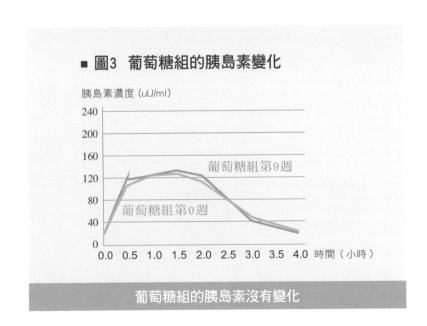

■ 圖3　葡萄糖組的胰島素變化

胰島素濃度（uU/ml）

葡萄糖組第9週

葡萄糖組第0週

時間（小時）

葡萄糖組的胰島素沒有變化

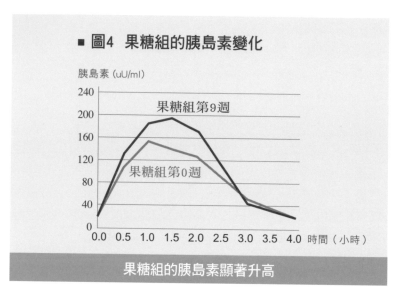

■ 圖4　果糖組的胰島素變化

胰島素 (uU/ml)

果糖組第9週

果糖組第0週

時間（小時）

果糖組的胰島素顯著升高

同一個研究團隊還進行了另一個實驗，這次在年輕（平均27歲～28歲）且體重相對正常（BMI平均值24～26）的患者身上進行2週的葡萄糖、高果糖糖漿、純果糖餵食。你可能認為自己年輕力壯、身材苗條所以不必擔心喝太多糖會怎麼樣，但在這個研究中，僅僅食用2週的高果糖糖漿或純果糖，年輕人體內的三酸甘油酯、血脂肪 (ApoB) 濃度就大幅提升，其中又以純果糖的提升幅度為最高。

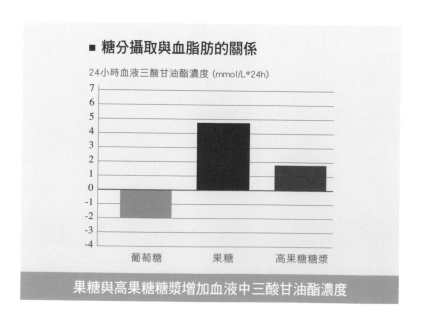

■ 糖分攝取與血脂肪的關係

24小時血液三酸甘油酯濃度 (mmol/L*24h)

葡萄糖　　　　果糖　　　　高果糖糖漿

果糖與高果糖糖漿增加血液中三酸甘油酯濃度

想像一下，如果2週的高糖飲食能對人體造成如此影響，1天1杯手搖茶連續喝2年會有什麼後果？

▍減少糖分攝取的效果

過量的糖會造成健康惡化，那麼減少糖攝取會有什麼效果？2005年，護理師珍妮特‧詹姆士（James J）等人在英國的小學裡面做了一項有趣的研究。他們找了29個班級，用隨機的方式抽出15班，由研究人員親自進到班級裡面，每個學期用1小時的時間來宣導減糖資訊，特別是含糖汽水對健康有什麼害處，剩下的14班則沒有接受關於減糖的宣導。

過了1年之後，雖然2組之間的體重並沒有產生顯著的差異，不過在肥胖與過重的比例上，沒上過課的小朋友持續發福，在1年內多出了7.5%的小胖子。相對地，上過課的小朋友則維持穩定，甚至肥胖的比例稍降了0.2%（未達統計顯著）。

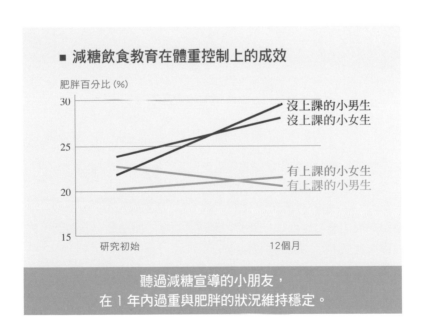

雖然結果看來沒多了不起，但請回想一下，這兩組只差在有一組上了1小時的課，另一組則沒有；課程只針對糖、含糖飲品做宣導，對象是7～11歲的幼童，且完全沒有強制性質，如此簡單就已經能夠避免孩童肥胖比例的持續成長，這還不夠厲害嗎？最後，在2012年《新英格蘭醫學雜誌》的文獻中，研究者無所不用其極：送礦泉水、低卡汽水到受試者家裡、每個月的電話訪問、登門拜訪、郵件騷擾，用盡一切合法的手段勸人不要喝含糖飲料。

1年後，被逼迫少喝含糖飲料的組別比對照組「少了」1.9公斤。很可惜的是當實驗者停止將低卡汽水定期送貨到府的1年後，兩組之間的差異隨之消失。（實驗進行的1年期間，兩組的平均體重都有增加，只是喝低卡汽水的組別胖得比較少）

不改變飲食、不增加運動習慣，光是戒掉含糖飲料的攝取，就能幫助人們對抗肥胖。減重用對方法，其實是一點也不辛苦的！

Dr.
史考特　　1分鐘小叮嚀

以下要來為大家總結一下這一系列的重點所在：

- 過去30年內，隨著糖攝取量的增加，人們的體重也隨之一飛沖天。

- 加工食品最常添加的甜味劑為「蔗糖」及「高果糖玉米糖漿」

- 許多低脂低卡的健康食品含有過量糖分，反而不利減重。

- 過量的糖（更明確地說：果糖）被顯示能造成脂肪肝、高血脂、痛風、高血壓，甚至使人上癮而難以自拔。

- 在短期的人體試驗中，過量的糖能惡化健康、加速內臟脂肪堆積。

- 相反地，減少含糖飲料的攝取，能輕鬆且有效地幫助減重。

凡是加工食品幾乎都與糖、精製澱粉脫不了關係，不僅無法提供人體所必需的營養，甚至還能經由上述的機制造成我們常見的慢性疾病，還有大家最在意的肥胖，所以我才那麼愛嘮叨，勸人少吃人造食品，多吃天然食物。

但我們都不是聖人，每個人都會遇到天人交戰的時刻，我自己也常常碰到，請各位讀者也不必過度緊張：**對於適量的糖，人體是完全有能力消化代謝的**。天然水果就含有少量的糖，但水果並沒有因此成為垃圾食物，還有許多維生素、礦物質、纖維質，能帶給人體許多好處，因此些許的糖不會是你需要擔心的大敵。

世界衛生組織（WHO）建議所有人將糖在每日總熱量的比例壓低到10%以下，如果能達到5%以下，還會有更多健康益處。因此我在此分享一下自己對飲食中的糖的哲學：

- 因為糖對中樞神經的潛在成癮性，穩健而緩慢地減糖比較容易成功。

- 水果中雖有些許的糖，但同時還有維生素、礦物質、纖維素等營養成分，我不建議刻意減少水果攝取（但也不建議拿水果取代正餐）。

- 將糖的攝取壓低到 1 天總熱量的10%以下。在1天2000大卡的飲食中，這相當於只攝取50公克的糖。

- 避免含糖飲料、糕點這種「原子彈級」的糖分轟炸。

- 平時自己不買飲料零食（尤其是逛量販店時），但如果遇到社交場合無可避免，稍微淺嚐倒也無妨，別讓自己成為別人眼中的飲食偏執狂！

甜蜜的滋味，苦澀的真相❺ 為什麼我不再認同 胰島素假說？

過去不少論述及說法支持著「胰島素假說」，認為胰島素會造成肥胖，然而隨著新的研究逐一出土，這一假說已不再令人信服。

科學有個特色，它會不斷地自我修正。

如果有個學者提出了一套理論，世界各地的同行就會開始用研究檢驗它。假使得到的數據支持理論，那麼學界就會給這位學者拍拍手，或許還頒一座諾貝爾獎給他。如果實驗的結果推翻了該理論，學界也會毫不客氣地給予批評。

我今天也要來「自我修正」一下，對一直以來支持我的讀者負責。本書改版前，我在多篇文章中提到「胰島素假說」，該學說的中心思想為：過高的胰島素會促進脂肪堆積，造成肥胖。

不過，胰島素假說畢竟是一個「假說」，隨著新的臨床研究被發表出來，胰島素假說的地位岌岌可危，我已經不再認同胰島素使人發胖的說法。這篇文章將對胰島素假說的殞落做詳細介紹。

▋ 造成肥胖的近端與遠端因子

熱量進、熱量出，是決定人體脂肪存量的「近端因子」。

物理學的定律告訴我們，能量不會憑空出現或消失，能量僅會由一個形式轉換為另一種形式。例如人吃下肚的食物含有化學能，經消化吸收後可用來收縮肌肉產生「動能」、供應神經傳導的「電能」、維持體溫的「熱能」、或是原封不動以體脂肪的形式儲存「化學能」。

總而言之，這些能量一定得有個地方去，我們吃下去的熱量不是用掉就是儲存起來，沒有其他選擇。所以我們說，熱量進與熱量出是控制人體脂肪存量的「近端因子」。

那麼什麼是影響肥胖的「遠端因子」呢？例如：

- **美味食物**：爸爸的廚藝（強調性別平權，下廚不一定是媽媽的責任）有點太好了，導致我每餐都吃三碗飯，人當然會胖。

- **食物品質**：早餐習慣吃高糖分穀片，因為精製澱粉的飽足感差，每天不到中午就忍不住吃點心，長期累積下來熱量超標，也會變胖。

- **遺傳問題**：家裡爸爸媽媽爺爺奶奶的體重全部超標，不意外地我的體重也特別難控制。

- **睡眠太少**：常常需要熬夜加班趕死線，所以也常吃高熱量的消夜，再加上之前提過的種種原因，人就胖了。

大家可以看到，要減肥絕對不是少吃多動那麼簡單，有太多因素會影響肥胖了。但說來說去，上述的「遠端因素」都是透過「近端因素」來產生影響，食物美味增加熱量攝取、遺傳不好可能降低熱量支出，肥胖的近端因素終究還是熱量的攝取與消耗。但胰島素假說可不這麼認為。

什麼是胰島素假說？

胰島素是一個「儲藏的激素」，它既會促進脂肪囤積，還會阻礙脂肪的燃燒。

■ 胰島素是一個「儲藏的激素」

促進脂肪儲存
提升Lipoprotein lipase活性
脂肪酸從脂蛋白移動至脂肪細胞

抑制脂肪燃燒
調降Hormone sensitive lipase
使脂肪酸不易被脂肪細胞釋出

胰島素

合成蛋白質
增加蛋白質合成，減少破壞

燃燒葡萄糖
調升Glycolytic pathway中的關鍵酵素

合成肝醣
提升肌肉與肝臟的肝醣存量

胰島素的功效包括促進脂肪儲存、抑制脂肪燃燒、燃燒葡萄糖、合成肝醣。

❶ 例如肥胖者的空腹胰島素濃度往往較高、施打胰島素會造成病患體重上升等。

❷ 值得一提的是，這篇所費不貲的研究背後贊助者是 Nutrition Science Initiatives (NuSI)，一個美國致力於營養學研究的非營利機構，兩位發起人 Gary Taubes 與 Peter Attia 都是低碳水化合物飲食的倡導者，他們募款來資助低碳水化合物飲食相關的研究。

也因此胰島素假說認為，長期濃度過高的胰島素會持續地促進脂肪製造，抑制脂肪燃燒。久而久之人不但變胖，還會產生一種弔詭的情況叫「內在飢餓」。

甚麼是內在飢餓？我們可以把胰島素想像成一個特大號的「守財奴」，每當小史賺了一百塊錢回家，竟然有99塊都被他強迫定存起來，剩下一塊錢連吃飯都不夠。久而久之儘管銀行帳戶看起來很多（體脂肪很高），但小史實際上可以運用的資金很稀少（可運用的熱量少，肚子餓）。

• 守財奴（胰島素不停儲存脂肪，需要的時候還不給用）。

• 銀行帳戶帳面漂亮（體脂肪很高，肥肉很多）。

• 日子卻過得窮困（熱量都卡在脂肪細胞裡出不來，因此一直感到飢餓）。

因此胰島素高的人，即使看起來胖胖的，還是會一天到晚肚子餓想吃東西，這就是所謂的內在飢餓。

注意到了嗎？胰島素假說認為胰島素可以直接調控人體的胖瘦，是肥胖真正的「近端因子」，而攝食與能量消耗，僅僅是胰島素作用下的被動者。

胰島素假說符合許多現實世界中的觀察❶，因此我曾認為：隨著科學進步，總有一天胰島素假說會變成一個廣為接受的學說，甚至整個翻轉肥胖的治療觀念。

只是，我錯了。

▍ 挑戰胰島素假說的研究

知名的學者Kevin Hall等人，在2016年發表團隊研究成果在也很知名的美國臨床營養學期刊上❷。

Hall招募了17位肥胖男性，將他們「拘禁」在研究室長達兩個月時間（他們是自願的～），這段期間的飲食、運動、一切日常活動皆經嚴密的監控，絕無多吃或少吃的可能。研究期間供應高糖高碳水化合物飲食（不是筆誤，每日攝取糖分147公克），與極低碳水生酮飲食，並比較兩者對每日能量消耗（TDEE）、脂肪燃燒、脂肪與肌肉量的影響。

兩種飲食的熱量、蛋白質含量完全相等。研究設計的想法很簡單：**如果胰島素假說為真，那麼受試者轉換到生酮飲食後，代謝率應該迅速提高、且體脂肪加速燃燒才對。**

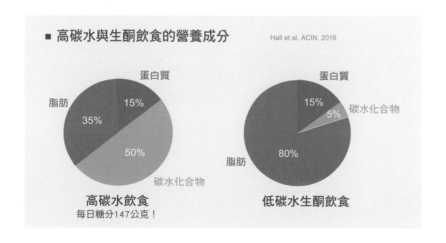

■ 高碳水與生酮飲食的營養成分　Hall et al, ACIN, 2016

蛋白質　脂肪　15%　35%　50%　碳水化合物　**高碳水飲食**　每日糖分147公克！

蛋白質　15%　5%　碳水化合物　脂肪　80%　**低碳水生酮飲食**

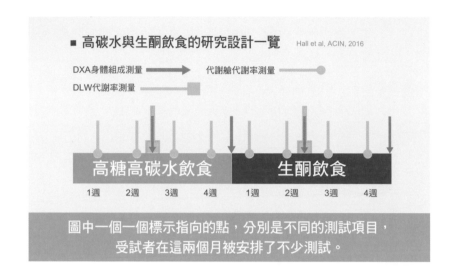

■ 高碳水與生酮飲食的研究設計一覽　Hall et al, ACIN, 2016

DXA身體組成測量
代謝艙代謝率測量
DLW代謝率測量

高糖高碳水飲食　　生酮飲食

1週　2週　3週　4週　1週　2週　3週　4週

圖中一個一個標示指向的點，分別是不同的測試項目，
受試者在這兩個月被安排了不少測試。

▎生酮飲食對胰島素分泌、減少體脂肪有效？

首先，生酮飲食跟高糖高碳水飲食比起來，確實能降低胰島素分泌。儘管研究設計是維持受試者原本的體重（剛好吃到TDEE），但意外地所有人的體重從一開始就像溜滑梯一樣往下滑。

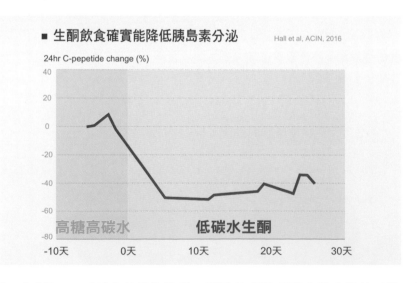

■ 生酮飲食確實能降低胰島素分泌　Hall et al, ACIN, 2016

24hr C-pepetide change (%)

高糖高碳水　　低碳水生酮

-10天　0天　10天　20天　30天

如下圖所示，受試者的體脂肪從一開始的高糖高碳水飲食就往下掉。轉換到生酮飲食的前兩週雖然因脫水掉了不少體重，實際減脂的速度反而大幅減緩，執行生酮的四週累計減脂，竟然只與高碳水的最後兩週相同。

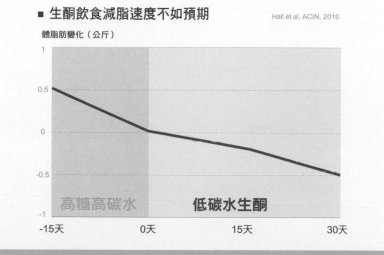

■ 生酮飲食減脂速度不如預期　　Hall et al, ACIN, 2016

體脂肪變化（公斤）

高糖高碳水　　低碳水生酮

-15天　　0天　　15天　　30天

受試者執行高碳水飲食的最後兩週約減 0.5 公斤的體脂，低碳水生酮飲食則需要執行大約四週才能減少相同重量的體脂。

下圖是受試者的代謝率變化，可以看到在轉換到生酮飲食的前兩週代謝率確實有顯著上升，最高達每天100大卡。不過這個爬升相當短命，在研究結束前降回到每天20大卡，且在統計上無顯著差異。

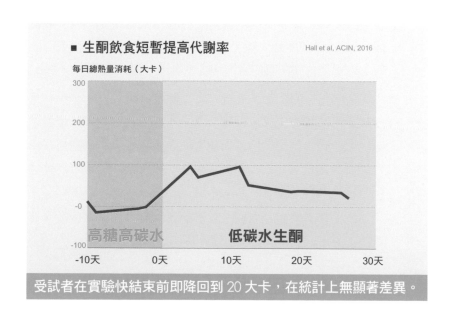

■ 生酮飲食短暫提高代謝率　　Hall et al, ACIN, 2016

每日總熱量消耗（大卡）

高糖高碳水　　低碳水生酮

-10天　　0天　　10天　　20天　　30天

受試者在實驗快結束前即降回到 20 大卡，在統計上無顯著差異。

過去的生酮飲食研究常被質疑時間不夠長，不足以觀察到「生酮」或是「脂肪適應」的產生。這篇研究的生酮期長達一個月，而且在進入生酮的三天受試者身體就已經轉用脂肪做為主要能量來源，沒有適應期不足的問題。從上面幾張圖表，我們可以得知以下幾點：

- 生酮飲食能降低胰島素分泌。

- 轉換到生酮可以讓代謝率短暫上升，但這優勢兩週後即消失。

- 體脂肪在生酮期間並沒有下降地比較快，真要說起來，其實是比較慢的。

胰島素假說還值得相信嗎？

本篇研究採用嚴謹的方式，將受試者的熱量攝取、營養素、運動量嚴格控制，並採用極為先進準確的儀器測量代謝率、體脂肪變化，可說是這個領域的登峰造極之作。據說這篇研究耗資數千萬美元，以一個17人的小規模研究來說，燒掉的錢可說是相當驚人！

我認為這篇研究的結論恰好與胰島素假說相違背，胰島素假說可能就此被推翻，或至少需要大幅度的補正。讀者可能會想說，欸可是代謝率真的有增加呀！每天一百大卡算不少了吧？

這個短暫的代謝上升可能是身體在醣類缺乏，生酮作用又還沒補上時，用蛋白質進行糖質新生所致。這也是為什麼在進入生酮的第一週，體脂肪降低的速率反而變低了：因為身體從肌肉裡挖出許多蛋白質來合成葡萄糖❸。而且在研究結束時，這個代謝率的短暫上升已然消失不見。

如果胰島素假說為真，我們應該在胰島素下降的同時看到體脂肪狂掉，代謝率飆升，但這兩個情形都沒有發生。

❸ 生酮飲食提高代謝率、消耗蛋白質的兩個效應都是短期的，所以倒不必特別害怕長期生酮飲食會減肌。

▌所以……低碳水飲食不優嗎？

我寫過不少推崇低碳水化合物飲食的文章，包括〈不吃碳水化合物就會增脂減肌？〉、〈不吃澱粉絕對不會酮酸中毒〉、〈高脂vs.低脂，哪個才能又瘦又健康？〉。這是否代表這些文章通通都錯了，應該全盤推翻？

倒也沒那麼嚴重。低碳水化合物飲食對體重控制、代謝健康的好處已經被不少的研究證實，今天這篇文章並沒有否定低碳水飲食的優點，過去我為它辯護的種種論點依然成立。

低碳水有效，這點我並不懷疑。但低碳水為什麼有效？很可能跟胰島素一點關係也沒有，目前較為被接受的理由包括：

- 低碳水化合物飲食會造成體內水分流失，因此帳面上短期減重效果較好。

- 低碳水化合物飲食往往蛋白質攝取量較高，使得使用者食慾下降，自動降低熱量攝取。此外酮體本身亦有抑制食慾的效果。

我常常接到讀者來訊，問我乳清蛋白、牛奶、或是各種蛋白質都會升高胰島素，是不是應該降低蛋白質攝取來幫助減重？看完這篇文章，答案應該非常明顯了，在熱量控制得宜下，胰島素不是決定體重的主要因素，減重的朋友沒有理由因為一種食物會升高胰島素就不去吃它。

Dr.
史考特　1分鐘小叮嚀

胰島素假說認為胰島素過高是造成肥胖的關鍵，這個論點已被科學研究給否定。低碳水化合物飲食能促進健康、控制體重，這點已有無數研究可證實，但它的效果可能跟胰島素一點關係也沒有。

不過，我們仍然應該盡量避免加工食品、精製澱粉、以及過量糖分的攝取。上述這些食物飽足感差、容易過量攝取，且營養價值低、更會排擠掉天然食物在飲食中佔的比例，吃多了還是會胖！

Part 3

健身教練
不告訴你的事

體能訓練是一門相當專業的學科，

一個看來簡單的「捲腹」或「深蹲」，

都會牽涉到極其複雜的解剖知識與身體控制能力；

如何才能最有效率地以運動達到「增肌減脂」的目的？

如何避免錯誤的深蹲姿勢、彎腰、仰臥起坐的傷害？

是這個章節的重點。

腦袋裡的東西
就交給我吧！

//

　　我剛開始在「一分鐘健身教室」粉絲團寫文章時，其實目標是放在「正確的運動觀念」，例如「女孩也該重量訓練」、「高、低強度運動比較」等主題，都是在寫網誌之前就有的構想。不過隨著時間過去，有許多讀者向我反應：為什麼我越來越「離題」，跑去寫飲食了？

　　倒也不是我對於運動沒熱情，或是沒有鑽研相關的知識，只不過再三考慮之後，實在是覺得某些體能訓練的細節，不是一個可以透過網路傳達清楚的題目。因為即使是一個看來簡單的「捲腹」或是「深蹲」，都會牽涉到極其複雜的解剖知識與身體控制能力，沒有受過專業訓練的人，很難用按圖索驥的方式學習。

舉個例子，透過文章教大家如何減去飲食中的糖，我相信大部分的人都能成功且獨立地做到，不需要專業人士的協助；但如果我要大家在捲腹時啟動腹斜肌，且避免髂腰肌出力呢？如果沒有一個教練在你的肚子上比劃兩下，可能很難領悟箇中訣竅吧！

　　更糟糕的是，剛接觸重量訓練的初學者少了教練帶領，很有可能會發生嚴重運動傷害，不僅斷了剛起步的運動生涯，甚至連日常生活都大受影響也說不定。因此各位讀者在這個章節看到的文章，將會是以「運動規劃的概念」與「錯誤姿勢的糾正」為主，而沒有坊間常見的「5分鐘瘦身操」或是「9分鐘TABATA」教學。（唉！「一分鐘健身教室」越來越名不符實了……）

　　在本書的第三部分，我將會針對許多最常見的運動迷思下手，來告訴大家如何才能最有效率地以運動達到「增肌減脂」的目的。此外，針對深蹲姿勢、彎腰、仰臥起坐等受傷風險較高的動作，我也統整了科學文獻來教大家如何避免傷害。

　　體能訓練是一門相當專業的學科，我建議所有有志健身的善男信女不要鐵齒，身體訓練還是讓專業的來比較安全，至於腦袋裡的東西，就交給我吧！

運動後會痠痛，鍛鍊才有效？

運動後的肌肉痠痛與訓練成效沒有關聯性。痠痛不代表運動效果好，不痠痛也未必代表運動不夠認真，No pain 不見得 No gain！

有運動習慣、尤其是從事健美運動的朋友，常會對訓練隔天的肌肉痠痛有一種變態般的執著；運動完假使不痠痛，總感覺哪裡不對勁，好像在健身房的努力都白費了一樣。如果痠痛得厲害，心裡反而有種舒坦的感覺，甚至還很喜歡去揉捏痠痛處來加深自己的成就感。各位讀者，你說這變不變態！

事實上，運動後的肌肉痠痛與訓練成效沒有關聯性，以身體的不適來衡量運動效果是沒有科學根據的！今天我跟大家分享一篇文獻與一些運動觀念，希望可以讓各位讀者以後運動得更舒服，更舒服地運動（好像還是有點變態？）。

肌肉痠痛與運動成效有沒有關聯？

2011年，《實驗生物學期刊》的一篇論文探討了運動後不適症狀與訓練成效之間的關係，來自美國的研究者找來28名自願者，按照年齡、性別以及身體指標平均分配成2組。「不痠組」的自願者用健身機做腿部的重量訓練，強度是一週週地慢慢增強，因為研究者希望「不痠組」自願者的身體能緩慢適應重量訓練帶來的壓力，以減少肌肉痠痛的症狀。「痠痛組」則在第四週開始被狠狠折磨，研究者希望「痠痛組」的肌肉承受大量壓力，讓肌肉痠痛達到最高點。為了公平起見，研究者調整健身機設定，確保兩組人馬總運動量是相同的。

在力量、大腿股四頭肌的肌肉體積上，猜猜看最後是哪一組白老鼠勝出？

我們可以從圖表看出，「不痠組」的「肌酸磷化酵素」數值（又稱「CK值」，代表肌肉受損的生化指數）始終維持在低點，這代表肌肉逐漸適應重量訓練，沒有產生嚴重損傷。相較起來，「痠痛組」在短時間內被狠狠地「操」了一番，在第五週時，血液CK值猛然飆高，一直到第十週才與「不痠組」打平。

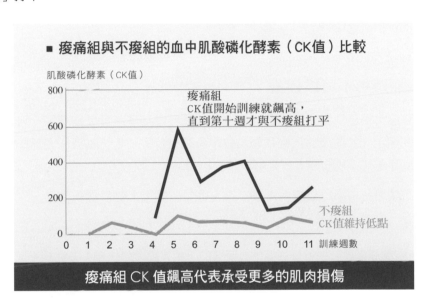

■ 痠痛組與不痠組的血中肌酸磷化酵素（CK值）比較

肌酸磷化酵素（CK值）

痠痛組
CK值開始訓練就飆高，
直到第十週才與不痠組打平

不痠組
CK值維持低點

訓練週數

痠痛組 CK 值飆高代表承受更多的肌肉損傷

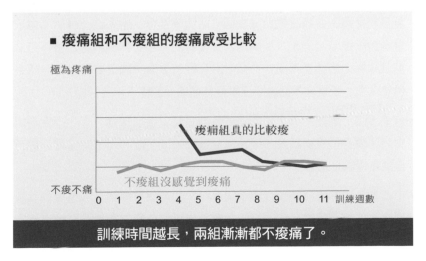

■ 痠痛組和不痠組的痠痛感受比較

極為疼痛

痠痛組具的比較痠

不痠不痛   不痠組沒感覺到痠痛

訓練週數

訓練時間越長，兩組漸漸都不痠痛了。

儘管上面兩張圖告訴我們「痠痛組」真的吃了比較多苦，但是最後的成績卻是：

- 兩組的肌肉力量進步幅度相近。

- 兩組的肌肉體積增加幅度相近。

如果痠痛不會讓你更強壯，也不會讓肌肉長得更大塊，何必要讓自己吃那麼多苦呢？No pain 可不一定 No gain！

▍痠痛時可不可以運動？

我最常被男性友人問的健身問題，就是痠痛時可不可以繼續練？可惜在這個問題上，我並沒有找到很好的科學證據來背書，各位讀者不介意的話，就加減參考一下我的個人意見吧！

「痠痛時可不可以繼續運動」沒有絕對的答案，端看個人的情況、運動的內容、想達成的目標而定：

- 在身體痠痛時進行低強度、長時間的有氧運動（如快走），在絕大部分情況下是恰當的。某些研究顯示輕度有氧運動能暫時緩解痠痛，加快身體在訓練後復原的速度。

- 重量訓練通常會將身體分成幾個大區塊來進行，例如週一練胸，週三回到健身房練腿時，還是感到胸肌緊緊痠痠的，但有需要因此而暫停週三的腿部訓練嗎？應該是不必。一個設計良好的重量訓練計畫可以讓身體各部位輪流休息，所以你不必為了上半身的痠痛而暫停下半身訓練。

- 假使痠痛不劇烈、不會影響正確運動姿勢（這很重要！）、不會造成肌肉緊繃、暖身後痠痛緩解、不會造成運動強度下降，那麼恭喜你，你可以安全地在痠痛下運動。

- 但如果身體的痠痛迫使你用不同於平常的姿勢來運動，或是覺得訓練的表現大不如前，就是一個很好的指標，告訴你身體需要更多時間來修復，此時運動可能不是一個好主意。

- 人體的適應能力非常強大，在開始新訓練的1～3週內，痠痛感通常會大幅消失。但如果你在同樣的訓練之下持續感到痠痛，那很有可能是身體的適應能力出了大問題，此時應該暫停訓練，重新檢討是否已經有了運動傷害、運動強度是否太高、營養補充的質與量是否不夠等等。

Dr.
史考特 ─── 1 分鐘小叮嚀

以下是本篇重點提示：

- 痠痛不代表運動效果好，不痠痛也未必代表運動不夠認真。No pain 不見得 No gain！
- 痠痛時能不能運動，沒有一個標準答案，但是當痠痛持續太久，或是會影響訓練效果、運動姿勢時，是時候該停下來好好檢討了。

自從學到這幾個重點後，我從追求痠痛轉為追求客觀的訓練成績，不僅身體上輕鬆了許多，體能上的成長也更加顯著！

空腹跑步更能瘦？

空腹去運動，「理論上」可以維持身體燃燒脂肪的狀態，讓運動的燃脂效果更好──理論上如此，但實際上呢？

　　如果你是個經驗豐富的減重者，應該有聽過空腹運動更能瘦的說法：早晨空腹運動時，因為碳水化合物來源缺乏，身體被迫要燃燒儲藏的脂肪。所以每個想減重的人都應該把鬧鐘往前調1小時，趕在早餐前去跑步，如此可以幫助你燃燒更多脂肪。

　　嗯……理論上應該行得通，但實際上真有那麼簡單？讓我們來看看別人血淚交織的經驗吧！

▌ 空腹運動的理論基礎

　　首先我要帶大家認識一些基礎的生理學：當我們進食後，身體會釋放胰島素來儲存進入血液的養分。如果各位讀者有印象的話，胰島素還有個惡名昭彰的功效：阻止脂肪釋放與燃燒。

　　簡單來說，身體是這麼思考的──既然你都吃了飯，血液中現在滿滿都是養分，幹嘛還要花功夫把脂肪組織裡面的能量抓出來用呢？

　　在下面的圖表中，我們可以看到，吃下食物之後，身體就會轉換所使用的能源，迅速地將熱量來源從脂肪轉移到碳水化合物。

❶ 這篇研究採用的最大心跳率公式為：「220－年齡＝最大心跳率」，也就是說，如果你是永遠的18歲，最大心跳率就是永遠的每分鐘202次。

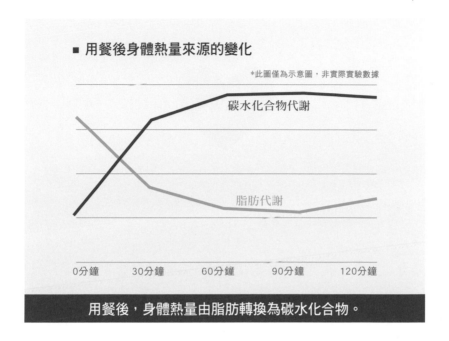

■ 用餐後身體熱量來源的變化

*此圖僅為示意圖，非實際實驗數據

碳水化合物代謝

脂肪代謝

0分鐘　　30分鐘　　60分鐘　　90分鐘　　120分鐘

用餐後，身體熱量由脂肪轉換為碳水化合物。

　　所以只要空腹去運動，「理論上」就可以維持身體燃燒脂肪的狀態，讓運動的燃脂效果更好。

　　理論上如此，但實際上呢？

▍空腹運動的長期效應

　　如同之前我所說的：人們的大部分時間都不是在運動，絕大部分的熱量消耗也與運動無關，如果只看運動當下，而忽略了一整天的熱量消耗，那是犯了見樹不見林的毛病。

　　為了測試空腹運動更能減脂的假說，美國學者布萊德・舍恩菲爾德（Schoenfeld B.J.）發表在《國際運動營養學會期刊》的研究，找來20位青春洋溢的女大學生，將他們推入火坑以下的魔鬼減肥訓練營：

　　這20位女生1週慢跑3天，慢跑時間為1小時，心率調整到最大心率[1]的70%，並進行節食（每天攝取的熱量減少500大卡）。

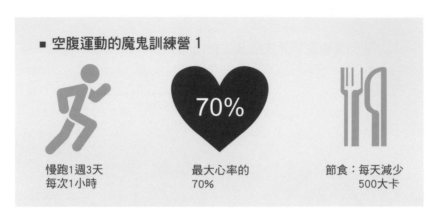

■ 空腹運動的魔鬼訓練營 1

70%

慢跑1週3天
每次1小時

最大心率的
70%

節食：每天減少
500大卡

20 位女大生同時進行運動與節食

　　所有女生的運動與節食課表都一樣，差別僅在於「控制組」（或說「非」空腹組）在運動前喝下1杯運動飲料，「空腹組」則要等到運動完才能喝。請注意，這邊的運動飲料是20公克的乳清蛋白與40公克的麥芽糊精，大家可以把它想成很好吸收的蛋白質加碳水化合物飲品。

■ 空腹運動的魔鬼訓練營 2

空腹組：跑完才喝

控制組：喝完才跑

空腹運動或吃飽運動，對燃脂效果沒有影響！

　　經過4週後，這兩組都瘦了，不過研究者發現，不管是體重、腰圍、脂肪量、肌肉量、體脂率、還是BMI值……兩組之間通通都沒有差！

儘管空腹跑步能燃燒更多脂肪，「理論上」也能幫助人們減去更多肥肉，但再一次，複雜的人體運作讓專家們的預測通通槓龜，**研究結果否定了空腹運動更能減脂的假說。**

失望歸失望，但以下幾種解釋值得各位讀者推敲：

- 空腹跑步時，雖然燃燒了較多的脂肪，但休息時，身體會燃燒較少的脂肪來補償。

- 儘管空腹慢跑燃燒較多脂肪，這些差異尚不足以在4週內產生顯著變化。

- 空腹運動根本就不能燃燒更多脂肪。

▍那如果是高強度間歇訓練（HIIT）呢？

這篇研究針對的是原本就有運動習慣，努力節食、慢跑且青春洋溢、妖嬌美麗的女大學生，如果今天你不是瘦瘦的年輕女性，或是不喜歡慢跑怎麼辦呢？別擔心，早就有人想到這個問題了。

在2013年，運動機能學的學者吉倫（Gillen）等人在《肥胖期刊》發表了研究，讓16位肥胖女性進行6週的高強度間歇式訓練（就是有點像TABATA那樣），這些小胖妹們在腳踏車上全力衝刺60秒後休息60秒，10個循環後收工下班。

完成了18次訓練之後，學者宣布：**不管你是吃飽運動還是空腹運動，都不會改變高強度訓練的效果。**空腹運動可能真的不如理想中美好！

Dr.
史考特　1分鐘小叮嚀

根據今天的研究，我建議大家：

- 空腹運動或「非」空腹運動都可以幫你減重，而且效果相差不大。

- 如果空腹運動讓你眼冒金星，那麼吃些點心再戰吧！

- 如果吃飽再運動讓你欲振乏力，那麼就放心地空腹運動吧！

- 能長期配合個人生理、時間、習慣的運動策略，就是一個好的策略。

　　另外，這個研究也點出了一個重要的概念：**漂亮的理論未必經得起研究的考驗**。許多時候，學者、專家在研究室、紙上、網路上建構出漂亮的理論，告訴大家要怎麼吃、怎麼動才能更健康、更美麗，儘管這些說法看來論述完整、堅不可破，但人體遠比我們想像的複雜，單一的機制（例如空腹燃脂）往往會被其他生理、心理、社會因素給稀釋、影響，最終結果出人意表。也因此，在「人體試驗」出爐前，再美麗的理論也只能「看看就好」。

迷思

努力做仰臥起坐，
就能練出6塊肌？

仰臥起坐讓脊椎在一個「屈曲」或「彎腰」的狀態下承受壓力，失去
了「中立」的脊椎姿態，將使椎間盤更加脆弱。而且根據研究，仰臥
起坐能輕易製造出接近3400牛頓（或346.7公斤）的脊椎壓力！

　　仰臥起坐是最受歡迎的腹肌運動，但這個動作可能使腰椎承受巨
大壓力，增加椎間盤退化的風險。選擇危險性低的訓練方式，才能練
出強健核心，同時遠離控八控控的魔掌！

▋ 仰臥起坐=核心訓練=強健下背？

　　下背痛是最常見也最惱人的疾病之一，根據2000年的《疼痛醫師
期刊》的文獻報導，美國有65%～80%的人口在一生中至少會經歷1次
下背痛。專家告訴我們：要避免下背痛，需要鍛鍊強健的核心肌群，
但核心肌群只要做做仰臥起坐就可
以鍛鍊到嗎？我要警告各位，這麼
練不但無法減緩下背痛，甚至可能
加速脊椎退化！

　　美國國家職業安全與衛生研究
所（NIOSH）建議，在搬運重物
時，下背（或更準確地說，夾在第
五腰椎與第一薦椎間的椎間盤）不
應承受超過3400牛頓（或346.7公
斤）的壓力。

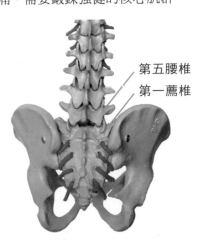

第五腰椎
第一薦椎

但是根據加拿大學者史都華‧麥吉爾（Stuart McGill）等人在1997年發表的研究，仰臥起坐能夠輕易製造出接近3400牛頓的脊椎壓力。

無論是腿打直進行的仰臥起坐，或是屈膝進行的仰臥起坐，從動作開始到結束，會有兩次機會逼近腰椎壓力臨界值（3400牛頓），而且這兩種仰臥起坐對腰椎造成的壓力值和風險，並無明顯的差別。

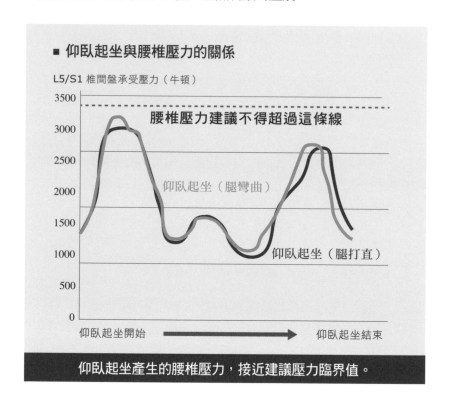

仰臥起坐與腰椎壓力的關係

L5/S1 椎間盤承受壓力（牛頓）

腰椎壓力建議不得超過這條線

仰臥起坐（腿彎曲）

仰臥起坐（腿打直）

仰臥起坐開始　　　　　　　　　　　仰臥起坐結束

仰臥起坐產生的腰椎壓力，接近建議壓力臨界值。

更糟的是，仰臥起坐讓脊椎在一個「屈曲」或是「彎腰」的狀態下承受壓力，失去了中立的脊椎姿態，將使椎間盤更加脆弱。

但是說做幾下仰臥起坐，椎間盤就會炸開，那是言過其實了，畢竟我們每天早上起床都要做一次仰臥起坐，不是嗎？重點是，既然仰臥起坐相對風險高，那有沒有風險低又效果好的訓練方式呢？

挑選相對安全的訓練

如果今天你在台北101大樓觀景台欣賞完風景，覺得樓上餐廳太貴，想要回到地面吃個晚餐，你會選擇以下哪種方式？

1. 排隊搭電梯下去

2. 背起降落傘從觀景台一躍而下

這兩種方式都能讓你回到台北街頭，不過兩者的危險性可大不相同：搭電梯下樓的效益／風險比值遠比跳傘來得高。

同樣的道理，挑選安全又有效的核心訓練，不但跟仰臥起坐一樣都能練出大家最想要的6塊肌（還有強健核心），同時又能保護脊椎健康。

下圖是肌肉電氣活動比率與壓力的比值。這是什麼意思呢？前面提到的麥吉爾教授用儀器測量受試者肌肉電訊號，如果收到的訊號越強，就表示該肌肉的收縮強度越高，訓練效果也應該更好。而壓力，則是以數學方式去計算第四節、第五節腰椎共承受多少力量。簡單地說，將電氣活動比率除以壓力值，得到的數字越大，則代表訓練效果越好、且受傷風險越小。

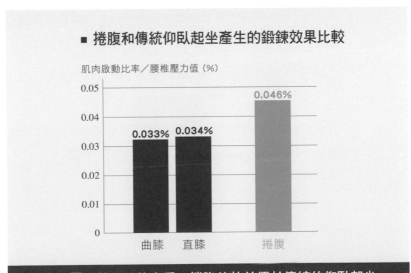

■ 捲腹和傳統仰臥起坐產生的鍛鍊效果比較

肌肉啟動比率／腰椎壓力值（%）

以肌電圖記錄的比值來看，捲腹的效益優於傳統的仰臥起坐。

麥吉爾教授推薦4個核心訓練：McGill改良式捲腹（McGill modified curl-up）、攪拌式（Stir the pot）、鳥狗式（Bird dog）、側棒式（Side plank），我分別拍攝了4個核心訓練的示範姿勢，以供參考❶。

但請特別注意，錯誤的訓練姿勢仍然會使「坐電梯一般安全」的運動變成「降落傘打不開的悲劇」；影片僅供參考，請各位讀者經專業健身教練指導後再行嘗試。

▎加分題：持不同看法的學者

平衡報導一下，有些學者，如紐西蘭的運動科學博士布萊特・康翠拉斯（Bret Contreras）認為仰臥起坐是安全，甚至有益下背健康的運動。以下是他們的論點：

- 雖然過去研究認為反覆的彎腰會造成椎間盤退化，但這些研究是使用大體或是動物脊椎進行，無法正確反映活生生人體脊椎的情況。

- 活體椎間盤有自我修復、適應壓力、吸收養分等能力，反覆的仰臥起坐未必能造成永久性的損傷。

- 適量的脊椎屈曲或許能幫助椎間盤與周遭組織液做養分交換，促進椎間盤健康。

簡而言之，學界對於仰臥起坐安全與否的看法兩極，且大部分建構在理論與假說上，有人認為非常危險，有人認為偶爾做做無妨。

儘管學界的爭議依然存在，我還是認為向「高報酬，低風險」的訓練方式靠攏，是一個合理的策略。（聽起來好像在賣基金？）

❶ 4個核心訓練：

Dr.
史考特
1 分鐘小叮嚀

麥吉爾教授曾在專訪中提到過幾個概念，加上我的個人腦補，總結成今天的「帶回家重點」：

- 仰臥起坐能使脊椎承受接近安全臨界值的壓力，應盡量避免。

- 選擇高報酬低風險訓練方式，是一個較為理想的策略。

- 把仰臥起坐的爭議擺在一邊，幾乎所有學者都同意：長時間維持坐姿、彎腰駝背、曾有腰椎病變，還有常做深蹲、硬舉的族群，應避免再做仰臥起坐。（請問有哪個人不符合以上敘述的？）

- 一定不能做仰臥起坐嗎？那倒未必。但每天做1次7分鐘腹肌鍛鍊運動，對99%以上的人來說大概都是災難一場。

而且請別忘記，**腹肌是在廚房裡練成的**，正確飲食才是擁有緊實腹部的不二法門。最後提醒大家，既然電梯沒有壞，為什麼還要跳樓呢？

> 迷思

男人就是要「靠腰」？

「彎腰」是該使用「腰部」還是「臀部」？從關節構造或是肌肉形態來看，髖關節絕對都是比較適合活動、產生力量的關節，所以男人應該靠「屁股」！

我常聽人說「男人最重要的是腰力」、「男人腰不好怎麼行」時，心裡總覺得不大舒坦。說真的，男人靠的應該是屁股（臀大肌），而不是腰部（下背肌肉）；應該是「彎髖」而不是「彎腰」。為什麼會這麼說呢？讓我們一起來看看這兩種肌肉的功能。

▍肌肉型態的比較：下背肌肉與臀部肌肉

根據1977年《解剖學期刊》的研究：健康人的下背肌肉主要由第一型肌纖維，或是說耐力型的肌肉為主。耐力型肌肉特色是可以長時間出力而不會疲乏，特別適合用來維持身體姿態。但其缺點在於力量較小，要拿來產生動作就比較吃虧了。

但臀大肌就不一樣了，臀大肌不但是人體最大塊的肌肉，其中第一型、第二型肌纖維各佔一

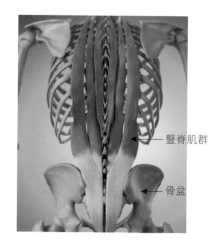

下背肌肉（豎脊肌）的位置

豎脊肌群

骨盆

188

半左右。第二型肌纖維的特色在於力量輸出較第一型大，但耐力表現略遜於第一型。

舉例來說，舉重、跳高跳遠需要第二型肌纖維，長時間走路、站立需要第一型；亦即臀大肌可以支持長時間、低強度的活動（如行走），但又可以在短時間內爆發出強大的力量（如跑百米、深蹲、硬舉）。

臀大肌就坐落在我們俗稱「屁股」的這個位置，在解剖學上，主要功能是伸展髖關節、外旋以及外展大腿。

用白話講，你爬樓梯、跑步、把小狗從地板上抱起來，或是任何需要將骨盆往前推的動作（沒錯，就是指性行為），臀大肌都會出力收縮。

■ 臀大肌的位置

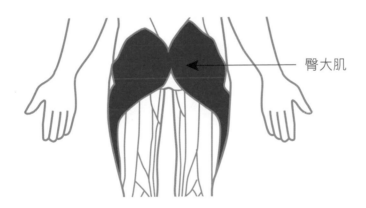

臀大肌

當我們從地板上將物品撿起時，臀大肌收縮，會將整個髖關節往前推；在往前推的過程中，下背肌肉應當是保持不變的。

換句話說，我們平時所說的「彎腰」其實是錯誤說法，「彎髖關節」才是正確的動作。

■ 彎身撿物品所使用的肌肉和關節位置

下背肌群

臀大肌

髖關節

　　而下背肌肉的主要功能是幫助脊椎伸展，當下背肌肉收縮，脊椎就會伸展，肚子也隨之挺出去，也就是「突出肚子」的動作。各位都知道男性的重要器官不是長在肚子上，所以男人的「腰」，或是更精確地講「下背肌群」，不應該是「彎髖關節」與性行為時主要的出力者。

▍關節構造的比較：髖關節與腰椎關節

　　我提到了男人應該靠「屁股」的觀念，但到任何一家健身房，錯誤的彎腰姿勢還是隨處可見，這可能正是現代生活的原罪：長時間的坐姿讓大家都失去了使用髖關節的能力。為什麼不該使用腰椎關節？讓我用解剖學的觀點來為大家剖析。

首先讓我們來看看髖關節與腰椎關節的位置：

■ 腰椎關節與髖關節的位置

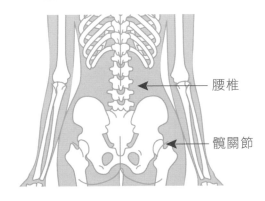

腰椎

髖關節

那麼用腰關節與髖關節來「彎腰」搬東西看起來各會是什麼樣子？

下圖是我示範使用髖關節、以正確姿勢搬箱子，可以看到脊椎從頸部到腰部呈一直線。這個姿勢主要運用到髖關節，以及臀大肌、大腿後側的股二頭肌、半腱肌、半膜肌等等。

呈一直線

髖關節

臀大肌

股二頭肌、
半腱肌、半膜肌

運用髖關節搬箱子

如果是使用腰椎關節彎腰、以錯誤的姿勢搬東西，可以看到我的身軀幾乎變成一個問號（？）的形狀，脊椎從頸部到腰部明顯彎曲。這樣的姿勢會使脊椎的韌帶、椎間盤等構造承受過大壓力；使用的肌群從原本的臀大肌部分轉移到豎脊肌，也就是脊椎四周的肌群上。

明顯彎曲

豎脊肌

問號形狀

使用腰椎關節彎腰搬箱子

▋ 為什麼不能用腰椎？

　　如果我們來看看腰椎關節與髖關節的構造，各位會發現：髖關節的設計就像一顆球放在一個碗裡，球可以輕鬆在碗裡轉動，做出大角度的動作。

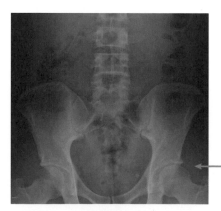

髖關節

髖關節 X 光片

但腰椎關節看起來就像是一塊塊的樂高積木堆疊起來、嵌在一起，如此形狀複雜的骨頭組合在一起，大大地限制了腰椎先天的活動度。不需要醫學或解剖學的學位，你一定也能辨認出哪個關節是設計拿來活動用的。腰椎關節結構可參考下面的X光片。

腰椎關節

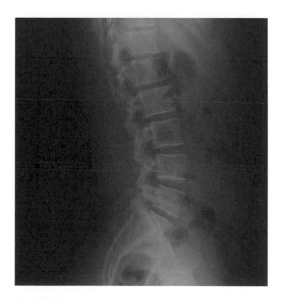

腰椎關節 X 光片

腰椎的結構複雜，以穩固為主要特色；反觀髖關節的球面設計，使活動度成為其優勢所在。腰椎跟髖關節哪一個比較適合拿來活動，應該沒什麼爭議了吧？

　　不管從關節構造或是肌肉形態來看，髖關節絕對都是比較適合活動、產生力量的關節。如果不懂得正確地使用身體，將會造成骨骼系統提早耗損，也難怪現代人往往不到30歲就開始產生椎間盤突出等退化性病變，必須要注意，並在日常生活中養成使用正確姿勢的習慣。

如何深蹲才是正確姿勢？

傳統式的深蹲允許膝蓋超過腳尖，健力式與 Box squat（箱式深蹲）則讓重心向後，間接防止了膝蓋超過腳尖，到底哪一種姿勢比較不會受傷？

深蹲時腳到底可不可以超過膝蓋？是健身界一直爭論不休的問題。有的健身教練在影片中告訴大家膝蓋不可超過腳尖，否則會提早向骨科醫師報到；也有物理治療師認為強迫膝蓋往後退，反而使重心不穩，甚至會增加下背受傷風險。

有這麼多專家發表意見，我本來認為已經沒有什麼好補充的了，But，就像一切的學問一樣，當你認為自己什麼都懂了，就會有一個大師／鄉民／英國研究跳出來打你臉，讓你的自信心全失、開始懷疑自己。

我想要跟各位讀者分享一篇發表於2012年《肌力與體能期刊》的研究，同時提供一些深蹲姿勢的原則供參考。

深蹲傷膝蓋還是傷髖關節？

首先提供一些基礎知識。為什麼會有人說深蹲前膝蓋不能向前？原來，如果我們在深蹲時，膝蓋向前移動太多，會造成膝蓋承受的壓力增加，同時讓臀部肌肉偷懶鬆懈。

依照這個推論，深蹲時只要膝蓋不超過腳尖，我們就能擁有迷人的翹臀，還能省下買維骨力的錢。

可惜的是，2003年由安德魯・福萊（Andrew Fry）等人所做的研究指出，如果硬是限制膝蓋不超過腳尖，沒錯，的確能減輕膝蓋壓力達22%，但同時也增加了髖關節受力達1000%之多——翻成白話：膝蓋不超過腳尖雖然能減輕膝蓋1/5的壓力，卻讓髖關節壓力增加10倍。聽起來可不是個好主意！

2012年，英國學者史溫頓（Swinton P.A.）為了更進一步研究深蹲姿勢對身體關節造成的壓力，進行了以下的實驗。

史溫頓找來12位職業男性健力選手當作實驗對象。值得一提的是，這些「白老鼠」可不是什麼省油的燈，他們是平均年齡27歲、身高180公分、體重100公斤，擁有9年健力訓練經驗，最大蹲舉重量超過200公斤的怪獸。我可以很有自信地說，這些選手是世界上最會深蹲的一群人。

史溫頓拜託這些選手採用傳統式（Traditional）、健力式（Powerlifting）以及箱式深蹲（Box squat）等三種深蹲技巧，並且以專業儀器記錄測量他們的動作，採用的重量為個人最佳成績（1RM）❶的30%、50%、70%。

傳統式（Traditional）：膝蓋超過腳尖，重心比較往前。

❶ 1RM：One-repetition maximum=1RM，指的是在沒有疲勞的情況下，以正確動作能負荷的最大重量。

膝蓋超過腳尖

健力式（Powerlifting）：兩腳間距寬，膝蓋不超過腳尖，重心比較往後。

膝蓋不超過腳尖

Box squat（箱式深蹲）：非常類似健力式，只是後面加一個椅子讓臀部可以稍微停留（但不是坐下來休息喲）。兩腳間距寬，膝蓋不超過腳尖，重心是三者中最往後，且上半身最挺直的。

膝蓋不超過腳尖

所以我們大概可以知道，傳統式的深蹲允許膝蓋超過腳尖，健力式與箱式深蹲則讓重心向後，間接防止了膝蓋超過腳尖。那麼重點來了，到底哪一種姿勢比較不會受傷呢？

▌又讓人驚呆了的結果

結果出來，又讓所有人都驚呆了：不管超不超過腳尖，膝蓋承受的力矩（力矩是一個物理學概念，定義為力臂乘以作用力。簡單地說，力矩上升，關節所承受的壓力也會隨之上升。）竟然相差不遠！

下圖比較了三種深蹲法對膝蓋造成的壓力（力矩）大小。可以見到雖然長條圖之間略有高低差異，但在統計上，3種蹲法產生的膝蓋壓力其實是不相上下的。

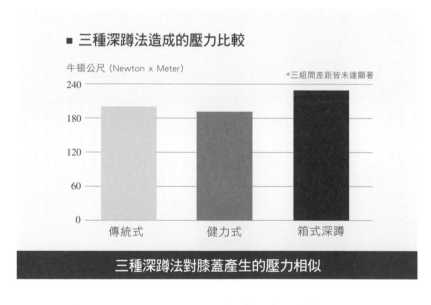

■ 三種深蹲法造成的壓力比較

三種深蹲法對膝蓋產生的壓力相似

過去總認為膝蓋不要超過腳尖，就能減輕膝蓋負擔，但本研究並不同意這樣的說法。研究者推測這是因為之前的研究，都是針對業餘健身者來進行，當膝蓋被限制不得超出腳尖時，他們被迫用上半身前傾、甚至彎腰的危險方法來保持平衡，反而增加下背受傷的風險。

相對來說，本研究找來的是健力界的菁英，在膝蓋不超過腳尖時，他們懂得用寬站姿、打開髖部、股骨外旋來做調整，這種方法使得他們即使膝蓋不往前移動，還是能保持相對直立的上半身。聰明的健力選手，懂得利用姿勢來減輕腰部與膝蓋負擔。簡而言之，懂得蹲的人不管怎麼蹲，都能保護自己不受傷。

不過研究者也提到，膝蓋關節受傷的元凶不是只有力矩，膝關節的彎曲角度，以及大腿、小腿骨的相對位移也會影響關節的剪力（剪力是平行於關節面的力量，而壓力是垂直於關節面的力量）與壓力。所以雖然力矩相同，但傳統式的深蹲可能還是「相對地」比較傷膝蓋。

我個人認為，三種蹲法都是安全的，只有錯誤的操作才會把它變成危險的動作——例如「笨蛋式深蹲」。（讀者在家請勿模仿！）

笨蛋式深蹲：髖關節幾乎沒有活動，全部都由膝蓋的向前位移來做出蹲下的動作。這是最常見的深蹲錯誤。

膝蓋向前位移

順帶一提，有人知道久坐也會提高脊椎壓力嗎？另外還有幾個有趣的點，我在這邊分享，不過因為與本文的主旨沒有相關，就不再花篇幅詳述：

- 傳統式深蹲對於腰椎的負擔相對較大。

- 健力式深蹲對於髖關節的負擔相對較大（但絕沒有到10倍）。

總結一下，這個研究告訴了我們什麼？

- 只要深蹲姿勢正確，膝蓋超不超過腳尖都是安全的。

- 腳踝關節活動度差、但髖關節活動度好的人，可以考慮膝蓋不過腳尖的「健力式」蹲法。

- 腳踝關節活動度好、但髖關節活動度差的人，可以嘗試膝蓋超過腳尖的「傳統式」蹲法。

- 相對來說，傳統式蹲法造成腰椎與膝蓋受力較大，健力式蹲法則比較傷髖關節。

- 膝蓋在任何情形下都不該「過度地」超出腳尖。

「深蹲時膝蓋可不可以超過腳尖？」這一題不是是非題，而是選擇題。而且，你更不能忽略了深蹲的其他面向：腳的間距、脊椎姿態是否中立、重心位置、負重的種類與位置、上半身向前傾的程度……看似簡單的深蹲其實是門大學問啊！

聽聽自己的心（跳），你會更了解自己的身體！

過度訓練不但阻礙進步，甚至還會破壞健康、讓體能下滑，那我們該怎麼避免？觀察自己心率變化會是一個便宜、迅速且客觀的指標和方法。

　　我在剛開始重量訓練的1～2年裡，發現一個很有趣的現象：當工作、學業、旅遊強迫我暫停訓練一陣子後，回到健身房的第一天表現通常都特別好！不管是重量、次數或是組數上，常有顯著的進步，好像換了個新身體。更有趣的是，當我努力想進步時，身體就像叛逆的青少年跟你唱反調，死不往前。但是當我漫不經心地隨意亂練，有時會發現自己~~不小心~~又突破個人最佳記錄了。

　　這個「叛逆青少年現象」其實相當普遍，不管是在馬拉松、三鐵選手、健美先生，或是任何運動項目中都有可能發生，我要來談談這個現象，並且提供一個客觀（與主觀）的方法，讓大家更能掌握自己的身體狀況與運動表現。

▌適度壓力與過度壓力的督促

　　壓力是促使人類進步的原動力，它逼迫孩子認真念書、上班族努力工作、社會經濟繁榮。但過度的壓力使人畏懼、退縮，甚至產生精神疾患……想想聯考前的學子、超時加班的血汗勞工、還有經濟大蕭條時跳樓自殺的高階經理人。

適應良性（適度）壓力的過程，大致可以分為以下階段：

1. 壓力（老師告訴你下次考試沒有60分，就把你當掉！）

2. 適應（規劃準備方向、認真念書）

3. 變強（經過努力之後，考了68分，對於該科的基礎也更紮實）

4. 展開新的循環（上學期All pass，新學期開始）

如果今天壓力過量（例如老師告訴你沒有考98分，就要把你當掉），很有可能你不但不會適應這個過量的壓力，反而會找其他的方法去迴避這個壓力（休學、作弊、上PTT或網路霸凌老師），最後的結果是你也不會變成更優秀的學生。

同樣的，身體承受的壓力也是促使體能進步的原動力。運動讓肌肉、骨骼、心肺系統承受挑戰，這些刺激使得肌肉細胞肥大、骨骼加速再生、心肺功能提升。適量的壓力讓我們成為一個更強的運動員。

適度體能壓力的階段：

1. <u>壓力</u>（增加深蹲重量10公斤）

2. <u>適應</u>（肌纖維受到破壞，開始自我修復）

3. <u>變強</u>（肌纖維變得更粗壯）

4. <u>展開新的循環</u>（繼續增加深蹲重量）

在下一頁示意圖中，我們看到訓練後因為肌肉疲乏、受損，體能表現會短暫地衰退。不過身體的修復機制會立刻接手，將肌肉修復、且回復到比原先更強壯的程度。如果能不斷重複這樣的訓練循環，最終將會打造出更強的體能！

■ 適量訓練增強體能

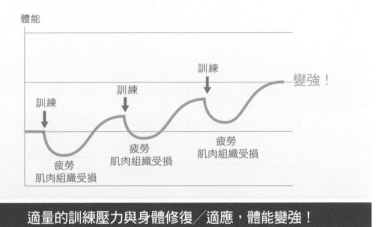

適量的訓練壓力與身體修復／適應，體能變強！

　　如果刺激強度超越身體可承受的範圍，壓力就會從進步的原動力轉變為摧毀進步的凶手，這就是所謂的「過度訓練症候群」。

過度體能壓力的階段

1. **過大壓力**（一下增加深蹲重量100公斤）

2. **適應不良**（肌纖維受到嚴重破壞，超出原本修復能力）

3. **變弱**（肌纖維還來不及修復，就再度承受壓力，產生新的破壞）

4. **過度訓練症候群**（體能下降、容易受傷、長期疲倦、容易生病、食慾不振等等）

　　我們看看下一頁過度訓練的示意圖，如果訓練強度太高、太頻繁，身體根本就來不急修補肌肉，每經過一次訓練，體能表現就會比原來更差。如果長期重複這樣不恰當的訓練循環，體能將越練越弱。

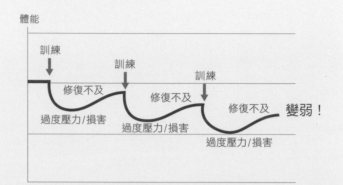

■ 過量訓練使體能衰退

體能

訓練
修復不及
過度壓力/損害

訓練
修復不及
過度壓力/損害

訓練
修復不及
過度壓力/損害

變弱！

過量的訓練壓力或身體復原不足，體能變弱！

▍ 心跳頻率與過度訓練

如果過度訓練不但阻礙進步，甚至還會破壞健康、讓體能下滑，那我們該怎麼避免呢？

這是一個很好的問題，卻也是個不容易回答的問題。每個人都有不一樣的體質、復原能力，同樣的訓練計畫對20歲與30歲的你來說，可能是雄壯威武與萎靡不振的差別；健身房以外的生活：工作、家庭、感情等也都會影響身體對運動的反應。

還好，有部分的研究顯示我們可以用心跳來評估訓練強度是否恰當。英國運動科學學者亞斯克‧朱坎卓（Asker Jeukendrup）等人在1992年找來8位經驗豐富的單車選手，將他們的總訓練時間提升45%，高強度訓練時間拉長350%，也就是說，這些單車選手被強迫進入過度訓練的狀態。

❶ 精統整性文章：是指研究者會蒐集所有已發表的相關研究，將他們的數據與研究結果統整起來，做出一個最終結論。

❷ 爆發型選手的靜止心跳升高，以及耐力型選手的靜止心跳降低，都有可能是過度訓練的症狀之一。

2週後，所有選手都表示感到疲勞（廢話）。更重要的是，他們在睡眠時的心跳，從每分鐘49.5下提升到54.3下。

這篇2003年發表於《運動科學期刊》的統整性文章❶也提到，過度訓練狀態下，選手的睡眠心率（睡眠時期的心跳頻率）也跟著升高。同一篇文章更提到，過度訓練使最高強度運動（如短跑、高強度間歇性訓練）時的心跳偏低，就好像疲倦的馬兒，再怎麼鞭笞也無法使他們跑得更快。

當你發現剛起床或靜止休息時的心跳速率特別高（或是變低）❷，同時伴隨著運動表現變差、容易疲倦、免疫力下降的症狀時，你有可能已經超出適度訓練的界線了。

▌ 其他會影響心率的因素

儘管心率能提供我們一個便宜、迅速、客觀且非侵入性（就是不用打針的意思）的生理指標，但它絕不能作為「唯一」的參考依據。除了體能訓練之外，情緒、心理壓力、疾病、藥物、氣溫和水分狀態等都會影響心率。米里安·華德克（Miriam Waldeck）發表在《運動科學與醫學期刊》的研究發現，維持固定訓練量的運動員，每天晚上睡覺時的心率都會不一樣。

所以，我建議各位讀者用全面性的方法，來評估自己的身體狀態，不管是心率、疲勞感、體能成績，都是很好的參考依據。

如果你發現最近這兩週在健身房的表現大不如前，而且起床時心跳比平常高出了每分鐘5下，那麼或許你應該認真考慮訓練計畫是否強度過高，或是你的復原狀態不盡理想（當然也可能只是感冒了）；又或者你是個耐力選手，發現這三週的心跳率明顯比平常慢，而且對於訓練感覺特別倦怠，跑不到1000公尺就想收工回家，這很有可能也是一個過度訓練的徵兆。

這邊提供一個親身的體驗給大家參考：我曾有大約2週的時間，每次值班都睡不到3小時，雖然如此，下班第一件事還是往健身房跑。

某天在重量訓練後，我在跑步機上覺得胸口特別鬱悶，頭也暈暈的，用跑步機的心率監測器一量，才發現在同樣的步調下，心跳竟比平時高出了每分鐘20～30下！僅僅是快走就讓心跳飆到每分鐘140下，讓我不得不好好暫停一下，思考自己身體是怎麼了。

在這個例子中，很可能是長時間累積的睡眠不足與壓力，再加上重量訓練的負擔，造成交感神經系統興奮，讓血壓心跳一起飆高。這意味著：

1. 我的訓練強度需要降低

2. 我需要加強復原（多睡覺）

後來，我睡眠不足的情況改善了許多，也把訓練間隔拉長，也就沒有再經歷上述的症狀。

Dr. 史考特 1分鐘小叮嚀

心率監測一直是體能訓練裡重要的評估工具，它具有便宜、非侵入性、客觀等優點，每個人都可以輕易地在家用馬錶、血壓計或是市售的心率監測裝置測量心跳。但同時，心率也會受到各種生理、心理、環境的影響，光看這個指標可能被外界干擾誤導。

所以我建議大家，平時就稍微注意自己心率變化，對於基準心率數值有個簡單的概念。當心率有顯著變化時，再搭配其他資訊：如體重、舉重、慢跑成績、血壓、睡眠、食慾、疲倦感……如此，即使沒有專業的實驗儀器，各位讀者在家也能自主評估身體狀態，避免過度訓練的威脅。

測量是進步的不二法門

記錄身體的變化是確保進步的關鍵，讓我們更了解什麼樣的
飲食、訓練模式、休息時間的安排，才能讓體能越來越好！

　　想像一下，如果一個考生永遠不知道自己的小考成績，
他要如何在聯考中勝出？（暫不討論以考試評量學習是否恰
當）即使平時用功努力的學生，還是需要測驗、評量來不斷
檢視自己念書的成果——有哪些部分需要加強？是粗心大意
還是背誦不足？是需要延長念書時間，還是需要休息一下？
唯有接受客觀的反饋，人才有可能進步，同樣的道理也適用
在運動員與減重者。

詳細的記錄可以幫助慢跑者
更了解自己的狀態

❶ 世界級的健力
選手有些出奇的小
隻，卻能舉起驚人
的重量。不過對於
大部分人來說，重
訓成績大致與肌肉
量呈現正相關。

對這兩個族群來說，
記錄自己的身體狀況是極
端重要的。唯有測量並記
錄，才能發現自己的弱
點，才能持續改良飲食及
訓練方法，在現有的基礎
上持續進步。慢跑成癮
者，時時記錄3k、5k、
10k的成績，可以讓你更
了解什麼樣的飲食、訓練
模式、休息時間安排，才
能讓體能越來越好。

重訓的族群，記錄基本動作（硬舉、臥推、深蹲）的最佳成績是確保進步的關鍵。如果有人抱怨練不壯，問問他們深蹲的最佳成績吧！有很大的可能是他們從不知道自己能舉多重❶。

記錄基本動作的成績是進步的關鍵

　　減重的朋友，1～2週測量一次腰圍、體重，對著浴室鏡子用相機記錄正面與側面的體態，前後做比較，是簡單不花錢又客觀的好方法。

　　講個故事好了。我自己曾進行過8週的飲食試驗，時間進入到第二個月時，卻因為體態一點都沒改變而喪氣不已。還好我決定撐完8週時間再來拍照、抽血、量腰圍，結束的那天，用影像軟體將前後照片放在一起，我才發現原來體態有了驚人變化！

Dr.
史考特　1 分鐘小叮嚀

　　自己的身體每天都在看，很難發現一點一滴累積的改變，讓我誤以為減重成效不彰；沒有仔細的記錄，我大概永遠不會知道怎麼吃才有效。測量並記錄自己的身體是進步的唯一方法，就是那麼簡單！

Part 4

重量訓練
才是健身王道

近年越來越多科學證據告訴我們，光慢跑是不夠的；
不管想維持健康，還是雕塑健美身形，保養身體內在，
重量訓練才是最有效的運動方式——重訓是青春的泉源！

現在
就開始重量訓練吧！

//

　　人活著就要動，這道理大家都知道；但要怎麼動才好？這可就不好回答了。

　　傳統觀念告訴我們有氧運動能促進健康、預防疾病，這也間接助長了慢跑、單車等有氧運動的盛行。我非常認同有氧運動的功效，但近年，越來越多科學證據告訴我們，只有慢跑是不夠的。

　　不管想維持健康，還是雕塑健美身形，重量訓練才是最有效的運動方式。

　　重量訓練幫助增加肌肉質量、維持基礎代謝，配合飲食控制的減脂效果，是完美身材的最佳途徑。不相信嗎？來看看美國名模凱特·阿普頓（Kate Upton）的訓練影片吧！

除了健美外表，相信健康的內在也是許多讀者重視的目標。那麼，你更應該開始重量訓練！一篇美國加州大學洛杉磯分校的研究指出，肌肉量越高的人，死於心血管疾病的機率越低。2015年知名醫學期刊《The Lancet》（中文譯名「柳葉刀」，我真的沒騙人，可以google看看）的報導也認為，握力越強的人往往壽命越長，這代表肌肉力量可以反映出一個人的健康狀況。

　　在整理過數十篇科學研究後，我敢放心地說：「重量訓練是青春的泉源。」各位讀者，感到躍躍欲試了嗎？快翻開下一頁吧！

凱特・阿普頓（Kate Upton）訓練影片：

低強度有氧運動
才能有效燃燒脂肪？

低強度運動能燃燒更多脂肪，但運動過後3小時內，代謝率就會恢復到運動前的水準。但高強度運動即使在停止後，代謝率依然能維持在高點。

　　常聽人說：「要減脂就該做有氧，因為有氧運動才會燃燒脂肪。」每次遇到這個情況，我就會陷入天人交戰，考慮要不要花20分鐘解釋這個說法為什麼不正確。

　　我並不想否定有氧運動的燃脂效果，但到底是高強度運動燃燒多，還是低強度的有氧運動效果好？讓我們看看科學證據怎麼說。

▌「低強度有氧運動才能燃脂」的論點是什麼？

　　是的，倡導「低強度有氧運動才能燃脂」的朋友並不是惡意想害你瘦不下來，低強度燃脂的說法其來有自。很早以前，美國華盛頓大學的約翰‧哈洛奇醫師（John O. Holloszy）就發現：隨著運動強度增加，人體的能量來源會由脂肪轉為燃燒碳水化合物❶。

　　這也是為什麼有健身專家提倡每天早餐前去慢跑：一晚沒吃東西，人體的碳水化合物（肝醣）存量降低，清早跑步時，身體只有脂肪能燃燒，想不瘦也難！

❶人體可以將少量的碳水化合物轉化成肝醣，儲存在肝臟與肌肉裡，以備高強度活動如捕食、逃命等緊急狀況運用。

■ 運動強度與熱量來源關係圖

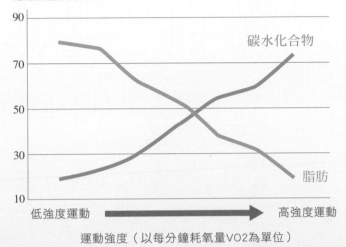

運動熱量來源 (%)

90

70 碳水化合物

50

30

10 脂肪

低強度運動 ——————→ 高強度運動

運動強度（以每分鐘耗氧量VO2為單位）

隨著運動強度的增加，
身體改為燃燒碳水化合物做為燃料。

　　確實，低強度的有氧運動會燃燒脂肪，但是它們就是最有效的減脂方式嗎？這可未必！許多文章引述運動科學研究時，往往忽略了一個事實：普通人每天只花不到5%的時間運動，剩下95%的時間，沒人知道身體怎麼運用熱量。這是犯了見樹不見林的毛病，光看運動的當下是不足以構成強而有力的證據。

　　以下就讓我們把運動後的身體狀態拆成短、中、長階段來分析，看看高強度、低強度運動，到底何者燃脂效果比較好？

短期間，低強度運動燃脂效果勝出

1998年，有一群美國學者招募10位男性，並分成2組來做腳踏車訓練：第一組是低強度，非常地輕鬆愜意（33% VO2 Max），另一組則是中等強度（66% VO2 Max）。低強度組雖然輕鬆，但運動的時間被拉長，使得兩組之間消耗的熱量一致。

結果，研究發現，中強度組消耗的碳水化合物有188.8公克，低強度組則是142.5公克；而中強度組在運動期間消耗的脂肪量有24公克，低強度組消耗的脂肪量是42.4公克，幾乎是中強度組的2倍。

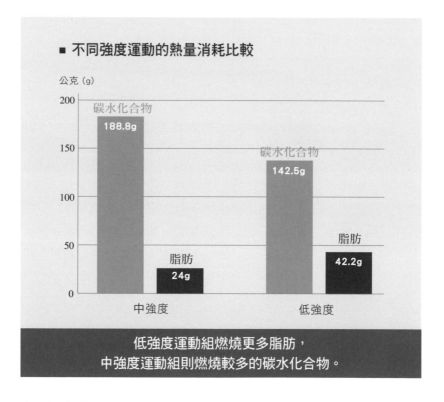

■ 不同強度運動的熱量消耗比較

低強度運動組燃燒更多脂肪，
中強度運動組則燃燒較多的碳水化合物。

在短期實驗中，低強度訓練的燃脂效果勝出。但如果我們持續監控人們運動後的新陳代謝，結果就變得不一樣了，下個實驗可供參考。

高強度運動的後燃效應更強

1997年美國科羅拉多大學發現，低強度運動能燃燒更多脂肪沒錯，但運動過後3小時內，代謝率就會恢復到運動前的水準；但高強度組即使停止運動後，代謝率依然維持在高點。高強度組在休息3小時的過程中，額外燃燒了41大卡。相對起來，低強度組只額外燃燒了22大卡。這裡的「額外」是指跟一群沒有運動的人坐著休息來比較，高、低強度運動後，各自額外消耗了41卡和22大卡。

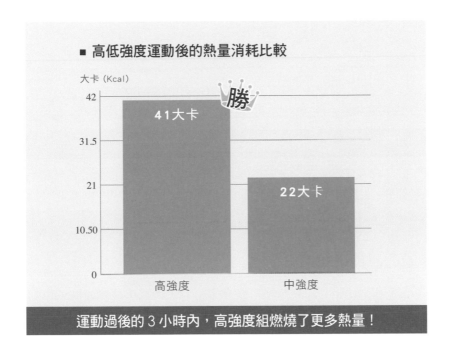

從《國際肥胖與新陳代謝疾病期刊》的研究來看，荷蘭學者莎莉絲（Saris W.H.）讓8名肥胖男性住進實驗室中，24小時內分別進行高、低強度的腳踏車運動。

結果發現，低強度組的男性雖然在運動當下比高強度組消耗更多脂肪，但是高強度組卻在運動結束後持續加速燃脂，最後將差距一舉拉平。把24小時內的數據加總起來，兩種訓練的燃脂效果其實是不相上下的。

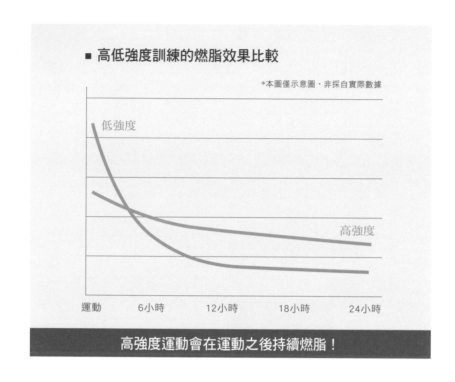

■ 高低強度訓練的燃脂效果比較

*本圖僅示意圖，非採自實際數據

低強度

高強度

運動　　6小時　　12小時　　18小時　　24小時

高強度運動會在運動之後持續燃脂！

以中期眼光看來，高低強度運動的效果一樣好。

▎運動的長期效果呢？

人人都想永保年輕與好體態，應該不會有人運動完只想瘦個24小時就好吧？何不把眼光放遠，來看看運動的長期影響呢？

加拿大魁北克的研究找來27位年輕男女，分別給予：

- 每週4次，每次30～45分鐘，共20週的耐力訓練，平均消耗28757大卡。

- 5週的耐力訓練，加上15週的高強度間歇式訓練（HIIT），平均消耗13829大卡。

高強度間歇式訓練雖然強度很高，但因為時間短，使得他們的熱量消耗只有對手的一半不到。但這是否代表他們瘦的幅度較小呢？

絕對不是。在20週的實驗期間，高強度間歇運動組總共減少了13.9mm的皮下脂肪厚度，而低強度運動組只減少了4.5mm的皮下脂肪厚度，兩者間的差距多達3倍。

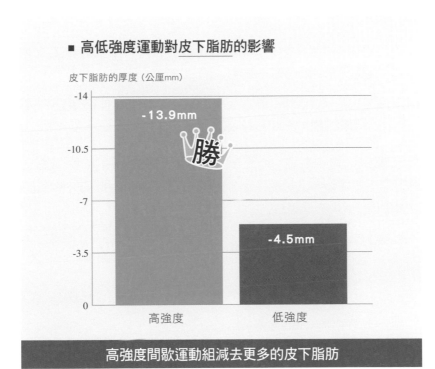

■ 高低強度運動對皮下脂肪的影響

皮下脂肪的厚度（公厘mm）

-13.9mm

勝

-4.5mm

高強度　　　　　　　　低強度

高強度間歇運動組減去更多的皮下脂肪

從受試者身上採下的肌肉解剖樣本顯示，高強度訓練能誘導肌肉型態發生改變，在平時更傾向於燃燒脂肪，或許這也能解釋為什麼高強度訓練消耗熱量少，減脂能力卻優於低強度運動。

日本學者發表的結果更認為，高強度的運動更能增強肌力、有氧能力，甚至改善引發心血管疾病的危險因子。

Dr. 史考特 1 分鐘小叮嚀

為各位讀者做個總結：

- 低強度訓練確實能在運動中燃燒更多脂肪，但高強度訓練才能提升運動後的新陳代謝。

- 即使高強度訓練在運動中燃燒的脂肪較少，但由於後燃效應的存在，這個差距在運動過後24小時即不復存在。

- 長期看來，高強度訓練不僅減脂的效果更好，還能維持肌肉質量、心肺健康、改善代謝指標，多個願望一次滿足！

我的建議是，如果你只有時間做一項運動，那麼高強度的訓練會是效益最高的選擇；如果你早已對高強度訓練不陌生，那麼增加一些中、低強度的有氧，對你的健康與體能更是錦上添花。

在此還是要再三提醒：高強度意味著高危險性，初學者請務必尋求專業教練的指導，避免運動傷害，才能健康又健美！

女孩也該重量訓練 ❶
我不想變金剛芭比！

重量訓練其實是你運動計畫中不可或缺的一塊，女孩們沒有男生的雄性激素，要讓肌肉生長也很困難，所以不要擔心，重量訓練絕對不會讓你一夜之間變成金剛芭比！

說到健身房，很多人直覺地會聯想到穿著吊嘎的大隻佬，滿頭青筋與汗水地在舉啞鈴的畫面。而健身房裡的女孩不是在韻律教室中做瑜伽，就是在各式各樣的有氧器材上揮灑汗水。如果今天我說，像男人般做重量訓練，會讓你擁有女神般的體態，你會相信嗎？在這一系列文章中，我想告訴各位女性讀者：為什麼重量訓練是你運動計畫中不可或缺的一塊。

▌重量訓練不會讓你看起來「雄壯威武」！

不管你是男生還是女生，重量訓練的好處不勝枚舉。科學證據指出，不論是想改善健康、避免疾病、促進基礎代謝率、增加骨質密度、減去體脂肪，還是想要翹臀、纖腰、結實的手臂與小腿，重量訓練都是你的最佳選擇！

可惜女生們總認為重量訓練是男生的專利，害怕重訓會讓自己看起來「雄壯威武」，變成滿身肌肉的金剛芭比。但千言萬語不如真人實證來得有說服力。

我在醫學院的一對情侶學弟妹在網路上開了一個部落格名為「健身卡波」，這兩位優秀的學弟妹不僅身材健美，在健身知識上，腳踏

實地的精神更是教我佩服不已，強烈推薦各位讀者追蹤「健身卡波」部落格❶，你一定會收穫滿滿。照片中的這位正是學妹的倩影，看到這樣的身材，你還會覺得重量訓練會讓女生太壯嗎？

❶「健身卡波」部落格：

❷ Sohee Lee（蘇西・李）：更多關於她的資訊，請見：

　　還有一位亞裔美國人Sohee Lee（蘇西・李）❷，同時也是一位傑出的健力選手。身材嬌小的她體重約47公斤，卻能從地上舉起超過體重2倍的102.5公斤！是誰說女生不能舉太重的？

女生真的不會練出大肌肉嗎？

我常常看到女生拿著粉紅色的迷你啞鈴在做訓練，同時還很緊張，怕做過頭會讓自己手臂變太粗……這都是多慮了！剛剛提到的的正妹用超出自己體重1～2倍的重量在訓練，卻完全沒有鍛鍊出大塊肌肉，這是因為：

1.女生天生體型較男生小，即使努力鍛鍊也無法長出像男生一樣的肌肉。

2.訓練後體脂下降、肌肉量上升，在視覺上反而會有「小一號」的效果。

3.肌肉力量與肌肉大小不是「線性關係」，意思是舉100公斤的女生不會比舉50公斤多兩倍肌肉。

也許這樣還是不能讓女性讀者們安心，你也許在某個朋友分享的圖片中看過健美小姐驚人的肌肉體態，身材壯碩的女生確實是存在的，只是極為罕見。回想一下，上一次你在電視以外的地方看到金剛芭比是什麼時候呢？應該想不起來吧！

要練出壯碩體態，女生們需要：

1. 一個設計良好的重訓計畫，且不間斷地持續訓練——我想光是這一點就已經很難達到了。

2. 攝取額外的熱量以提供肌肉生長所需。沒有營養，練再多也不會變壯。

3. 接受雄性激素、生長激素等荷爾蒙療法。我鐵口直斷：那些看起來「比男人還男人」的女性健美選手，多少都有接受藥物的「幫助」。

Dr. 史考特 1分鐘小叮嚀

女生想長出壯碩的肌肉，必定需要大量的時間精力。說穿了，**如果你不是拚了命想長壯的女生，根本就不用怕變壯**。想想看，如果練肌肉這麼簡單，為什麼有漂亮肌肉的男生那麼少見？而女孩們沒有男生的雄性激素，要讓肌肉生長更是困難不少，所以請女孩們不要擔心，重量訓練絕對不會讓你一夜之間變成金剛芭比！

女孩也該重量訓練❷
關於結實這回事

「結實」是脂肪少搭配適當的肌肉量；重量訓練可以幫助肌肉生長，增加基礎代謝率，改善內分泌環境而達到「增肌減脂」、結實的目的。

許多女孩常抱怨自己的「肉鬆」，想要雕塑結實曲線卻又怕運動會讓肌肉變大塊，而陷入了進退兩難的矛盾中。我了解女孩們這樣的疑慮，以下這篇文章就是要來破除迷思，讓大家放心揮灑汗水運動去。

▌什麼樣的體態是「結實」？

就解剖學的角度來看，結實說穿了就是：**低體脂，並且有適量的肌肉**。

皮下脂肪是位於皮膚下、肌肉上的結締組織，是身體裡用來緩衝、形成結構用的組織，質地疏鬆，因此皮下脂肪多的人，體型、肌肉都看起來比較鬆軟；如鮪魚肚、雙下巴、掰掰袖正是皮下脂肪多的結果。

相對地，脂肪量低的人們因為沒有這層鬆軟組織，才能讓底下的肌肉線條顯現出來，而有所謂女生的馬甲線、男生的人魚線。

我做了一張四宮格圖，讓各位讀者們稍微有個概念——肌肉跟脂肪對女性體態的影響是什麼？

	脂肪量適中	脂肪量少
肌肉量適中		
肌肉量少		

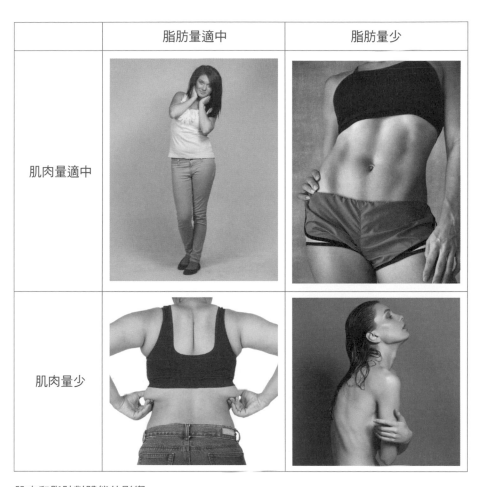

肌肉和脂肪對體態的影響

　　請注意，這邊不是在提倡某種體態最美麗或最健康，只是純粹為大家分析脂肪與肌肉是如何影響女性體態。但是由上面的四張照片可以看得出來，脂肪少搭配上適中的肌肉量，比較符合我們對「結實」這個形容詞的印象。

▌我要怎麼才能「結實」？

　　這個是個大哉問，其中牽涉到了飲食、運動、生活型態，甚至營養補充品的使用，各位讀者可要好好把本書從頭念到尾才行（笑）。不過對於剛起

步的女性來說，「重訓」是個不錯的起點；重量訓練可以幫助肌肉生長，增加基礎代謝率，改善內分泌環境而達到「增肌減脂」的目的。如果能搭配飲食與生活習慣的改變，效果會更顯著。

▎可是運動完就感覺肌肉變大了……

相信很多人都有這種經驗，訓練完身體的某個部位又酸又漲，肌肉好像瞬間變大了。男生們這時會在鏡子裡得意地欣賞自己的「訓練成果」，不想變壯的女生則急忙去旁邊拉筋收操，想把不好看的肌肉線條拉開。

運動後肌肉真的會瞬間長大嗎？其實這只是一個暫時性的假象！運動會打開肌肉中的血管以提供養分與氧氣，並帶走代謝廢物，所以才有暫時性充血膨脹的情形，並不是肌肉本身長大了。

Dr. 史考特　1 分鐘小叮嚀

激烈運動後，肌纖維會因為細胞裡的能量單元ATP耗盡而不易放鬆，這也是為什麼我們運動完的當下，常常感到肌肉僵硬緊繃。不過這個情況只是暫時的，休息一下就會改善。女孩們別擔心，肌肉的痠脹感會慢慢消失，不拉筋也不會變大隻的！

女孩也該重量訓練❸
持續燃脂不是夢！

重量訓練讓人不用在跑步機、腳踏車上度過漫漫長夜，還能提高新陳代謝，持續燃燒脂肪！

重量訓練除了能「增肌」，幫助女生獲得結實體態，在「減脂」上也有它的角色呢！各位讀者可能不知道，在做完重量訓練的2天內，身體會進入一個新陳代謝加速的狀態，不管在睡覺、進食、看電視時，身體都會燃燒更多的熱量；這現象又叫做「後燃效應」（after-burn effect）。

▋「後燃效應」是怎樣運作的？

在2002年美國學者進行的一個研究中，找來了7位健康男性，要求他們完成31分鐘高強度的重量訓練。訓練結束後，研究者持續監控他們的氧氣消耗量，竟發現受試者在重訓後的38小時內，氧氣消耗量都明顯高於運動前。

讀者們心中可能納悶：「氧氣消耗量大」是什麼意思？氧氣是身體燃燒熱量時所需的重要元素，沒有氧氣，人體就無法產生可用的能量。這也是為什麼在缺氧的狀態下，人類很快就會死亡。所以消耗更多氧氣，意味著消耗更多能量！

將氧氣消耗量以公式換算成熱量（每消耗1公升氧氣約等於消耗4.8大卡熱量）後，學者發現這7位男生在運動後的2天內平均多消耗

了773大卡。僅僅30分鐘的訓練雖無法立馬燃脂，但後續的後燃效應可相當驚人。

關於運動前後氧氣消耗量的比較，下圖最左邊是「運動前」的氧氣消耗量，單位為「每公斤體重每分鐘消耗幾毫升的氧氣」。我們可以看到，運動後的2天內，氧氣消耗量明顯大於運動前的水準，這代表運動後的熱量消耗持續提升。

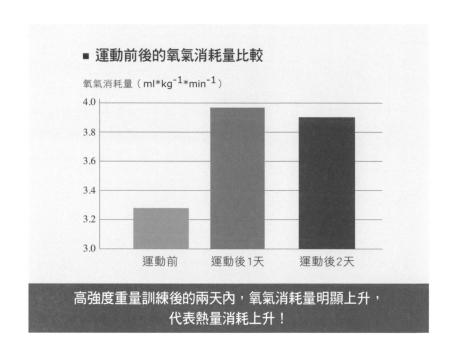

■ 運動前後的氧氣消耗量比較

氧氣消耗量（ml*kg^{-1}*min^{-1}）

高強度重量訓練後的兩天內，氧氣消耗量明顯上升，
代表熱量消耗上升！

做什麼運動才有後燃效應？

可惜，並不是所有運動都有顯著的後燃效應。原則上，「高強度的無氧運動」比「低強度的有氧運動」更能刺激後燃效應產生。什麼是高強度的無氧運動呢？例如短跑衝刺、重量訓練、高強度間歇式訓練，或是任何需要爆發力、力量的運動。

中低強度的有氧運動，例如慢跑、快走、中低速游泳、腳踏車等相對緩和且持久的運動。

下圖的藍色線條代表運動本身消耗的熱量，紅色則代表運動完由後燃效應所燃燒的熱量。可以看見越是高強度、牽涉到全身肌肉的運動，後燃的效果越好，例如重量訓練在運動當下燃燒的熱量雖不如有氧運動，但加入了後燃效應，重量訓練消耗熱量的效果其實是毫不遜色的！至於腹部訓練不管在運動當下或後燃效果上的表現，都不太理想。

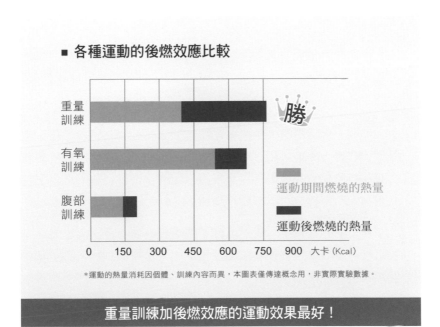

■ 各種運動的後燃效應比較

重量訓練　　　　　　　　　　　　勝

有氧訓練

腹部訓練

　　運動期間燃燒的熱量

　　運動後燃燒的熱量

0　150　300　450　600　750　900　大卡 (Kcal)

＊運動的熱量消耗因個體、訓練內容而異，本圖表僅傳達概念用，非實際實驗數據。

重量訓練加後燃效應的運動效果最好！

Dr. 史考特　　1 分鐘小叮嚀

　　想減脂的女孩們，跑步機、腳踏車不再是你唯一的選擇。重量訓練讓你不用在跑步機上度過漫漫長夜，還能提高新陳代謝，持續燃燒脂肪。心動了嗎？快去家裡附近健身房，找個合格的教練指導開始訓練吧！

女孩也該重量訓練❹
魔鬼身材之外的健康益處

大重量的訓練燃脂效果高，能促進心肺健康，還能增加生長激素，讓你結實、減脂、心肺功能變好多個願望一次滿足！

　　某些「健身專業人士」會告誡他們的女性學員別舉太重，才不會讓肌肉長得太大塊，用小小的粉紅啞鈴做輕重量、高次數的訓練，才能達成燃脂緊實的效果——可惜這個說法完全是錯誤的。每次看到健身房裡女生用輕盈的小啞鈴在訓練，我的內心都在滴血。

　　在之前的文章中，我們已經了解重訓為何不會讓女生變壯、結實是怎麼一回事？請各位女孩不要害怕用大重量做訓練，男女在各種運動項目上的技巧都相同，重量訓練也不例外，這是一個男女平權的時代（笑）。

▎重量訓練讓你多個願望一次滿足

　　在這篇文中，我要來解釋為什麼重量訓練對女生有好處。

大重量、多關節的運動燃脂效果好

　　先來看一個選擇題：下列哪個運動會燃燒更多熱量？

- 負重30公斤的深蹲

- 3公斤重的啞鈴手臂三頭肌訓練

這題的答案應該是顯而易見的，各位讀者們有答對嗎？深蹲運用全身上下肌肉、再加上負重30公斤，需要穩定的核心、下肢肌力與強健的心肺能力才能完成。

相對地，3公斤的手臂訓練只有手臂的肌肉在收縮，重量又小，可燃燒的熱量相當少，也幾乎不會訓練到心肺功能。同樣在健身房運動10分鐘，選對訓練方式可以讓你得到10倍以上的效果，一點也不誇張！

促進心肺健康

如果你曾經做過大重量的硬舉、深蹲，你一定能體會好的心肺能力對重訓有多麼重要。重量訓練會瞬間提高氧氣的需求量，做完一定是氣喘吁吁、心臟怦怦跳，誰說重量訓練不會訓練到心肺能力的？

1983年的《應用運動科學期刊》的一篇研究發現，奧林匹克舉重選手即使不慢跑，光是挺舉、抓舉等訓練，就能讓心肺能力顯著進步。大重量的訓練能讓你結實、減脂、增強心肺等多個願望一次滿足。

增加生長激素分泌

生長激素？那是什麼？可以吃嗎？如果你想要看起來年輕健美，千萬不能不認識生長激素。生長激素是體內的重要內分泌因子，其作用在於促進肌肉生長、細胞複製、再生，是孩童生長發育所必須。

在成人身上，生長激素有降低體脂肪、增加肌肉質量、骨質密度的效果，甚至有一段時間，在美國被視為回春的祕方而被大量濫用；而高強度的重量訓練可以刺激體內生長激素分泌，無怪常聽人說「運動是回春的良藥」，還真是有它的道理在呢！

骨骼健康

骨質疏鬆是女性，尤其是更年期婦女的一大健康隱憂。骨折與跌倒相關的併發症是65歲以上長輩的第二大死因，但同時也是最能夠事先被預防的意

外傷害。重量訓練被證實在年輕女性身上可以增加骨質密度，對於更年期婦女更可以降低骨質疏鬆相關的危險因子。不論年紀大小，重量訓練都能讓你骨骼強健、頭好壯壯。

四肢發達＝長命百歲？

重量訓練可以保持健康的肌肉質量，這乍聽之下是理所當然，但你可能不知道的是，由美國NHANES所做的研究分析，發現肌肉質量與長壽有一個正向關聯：比起體能最衰弱的1/4人口，肌肉最強健的前1/4人口總死亡率低了20%。肌肉發達的人，似乎也活得更長久。

糖尿病控制

傳統觀念認為生病就該好好吃藥、好好休息，不要太過操勞。但現在醫界認為，適當的重量訓練可以幫助慢性病患控制病情！

發表於2002年《糖尿病照護期刊》的一篇研究，在為期6個月的實驗中，研究者發現重量訓練能保持糖尿病患的肌肉量，避免在飲食減重的過程中讓身體越減越虛弱。同時，重量訓練組病患的血糖指標（HbA1c），也比沒運動組別控制得更理想。

降低發生心血管疾病的危險因子

如同重訓系列所提到的，並不是只有慢跑等有氧運動才能增強心肺功能，適當設計的重量訓練課程與有氧運動一樣能強健心肺，甚至降低發生心血管疾病的危險因子。美國心臟科醫學會也建議心臟病患在專業指導下進行重量訓練，心臟病病患更要積極復健，才能改善生活品質。

Dr. 史考特　1 分鐘小叮嚀

我很喜歡一句健身界的名言："Train like a man, look like a goddess." 意即：「像男人一樣地訓練，才能得到女神般的體態。」

我認為大重量的訓練不僅「有效」，更是一個「有效率」的運動方式，加上重量訓練的其他益處族繁不及備載，如：預防下背痛、增強老人家自理能力、避免跌倒、避免骨科傷害、心理及情緒管理……這都是經研究證實的。人類祖先在原始生活中常使用力量、速度與爆發力，與獵物搏鬥、逃離危險、搬運食物、收集物資，但隨著現代科技的進展，大部分的人不再需要從事勞力活動，骨骼肌肉的健康隨之退化，所以不難想像，當人們重拾這些自然的生活型態（重量訓練）後，許多健康的指標也得以改善。

　　用短短的運動時間燃燒脂肪、打造肌肉，各位女性讀者感到躍躍欲試了嗎？在下一篇文章中，我將要建議各位如何開始你的重量訓練計畫。

女孩也該重量訓練 ❺
我該如何開始重量訓練?

不論是增肌減脂,還是促進心肺、骨骼健康,重量訓練都是「有效且有效率」的方法;還沒開始運動的朋友,重量訓練是你很好的起點!

我花了許多篇幅提倡重量訓練的好處,現在要來教各位讀者如何開始自己的重訓人生啦!可參考下列四個步驟:

1. 選擇場地

這幾年隨著運動風氣的盛行,全台的健身房一間接著一間成立。這裡面有小資本的私人健身房,或是連鎖的大型商業健身房,也有公家的運動中心、學校的體適能館。某些健身狂熱分子甚至自己在家打造「轟菌」(Home gym,「居家健身房」的意思)。

❶ 正確的慢跑方式帶你上天堂,錯誤的慢跑帶你進復健科診所!千萬不要以為慢跑是人人天生就會的運動。愛好慢跑的朋友們,快去買幾本書或是請個教練來學習正確技巧吧!

健身房的選擇很重要

初學的你該如何挑選呢？我認為，第一個考慮到的應該是方便與否。**如果不能持之以恆，再好的運動計畫也無法改造身材、促進健康。**假使健身房需要通車1小時才能到達，想必很難維持健身習慣吧？所以健身的地點離工作或是住家越近越好，以方便為第一考量。

其他因素包括費用、設備、教練當然也很重要。上網研究一下健身房的評價如何，參考正反面評價，踩到地雷的機會就會大幅降低囉！

2. 選擇教練

任何運動，包括「大家都會的」慢跑都是一門大學問❶，重量訓練更是不在話下。重量訓練幾乎是所有運動裡，運動傷害風險最小的一種。1994年，根據奧林匹克舉重教練布萊恩・漢彌爾（Brian Hamill M.）等人在發表在《肌力與體能期刊》上的研究，每100小時的重量訓練僅會發生0.0035次的運動傷害（相較起來，足球每100小時的受傷次數為0.14）。

但，光是從網路文章、影片來學習重量訓練還是相當危險的。錯誤的重訓姿勢，輕者造成肌肉、關節傷害，嚴重可能產生無法逆轉的病變！所以我強烈建議，所有的健身初學者都應該找一個合格的教練帶領入門。

台灣的健身房裡有不少敬業、專業的教練提供教學，但隨著健身產業的快速發展，市面上也出現了許多專業素養不足的教練。更糟的是健身證照的浮濫發放，讓消費者無從分辨教練好壞。

好的教練才能幫助你正確重訓

我建議各位讀者在選擇教練時一定要謹慎，上網搜尋該教練過去的評價❷，找愛好健身的朋友推薦，相信自己的第六感，拒絕品牌迷思。教練在教學時是否隨時注意學員的個人狀況？是否強調正確姿勢與熱身，以避免運動傷害？如果感覺不對勁，請隨時要求終止課程並退還費用。

3. 找到志同道合的朋友

你有好朋友也想一起開始重量訓練嗎？好極了！有朋友一起運動可以互相激勵，互相打氣，讓整個健身的過程更有趣；朋友之間也可以彼此督促，讓你在遇到挫折時不易輕易放棄。

我強烈建議各位讀者找個伴一起運動去，說不定在強身健體之外，還能多幾個交心的朋友呢！

4. 時常閱讀健身、營養的相關知識

喜愛化妝穿搭的女孩們一定會訂閱美妝雜誌與粉絲團吧？時時吸收新資訊，才能讓自己的衣著和化妝風格走在時代尖端；在健身與飲食健康上，這個道理一樣適用。現代科學日新月異，定期更新資訊，才能確保自己的健康與體態走在別人前面。以科學實證為基礎的「一分鐘健身教室」粉絲團是你這方面的最好選擇。

定期更新相關資訊更能增強健身功效

❷ PTT的Ftiness、Musclebeach版，都是不錯的詢問管道。

　　近年來，學界漸漸發現重量訓練多面向的益處，不論是增肌減脂，還是促進心肺、骨骼健康，重量訓練都是「有效且有效率」的方法。

　　已經有運動習慣的讀者，可以考慮將重量訓練納入運動計劃中；還沒開始運動的朋友，重量訓練是不錯的起點。「女孩也該重量訓練」系列文到此告一段落，希望我的文章有給你躍躍欲試的感覺，更希望之後在健身房裡看到你的身影！

節食減重時，進行重訓與有氧的成效為何？

制定一個好的飲食策略，搭配可以「逆轉」許多節食副作用的重量訓練，比單純的「少吃」更重要！

之前比較過高、低強度訓練燃燒熱量的能力，接下來我們要來聊聊重訓與有氧，各會對節食減重產生什麼樣的影響？

重訓搭配節食的效果勝過有氧運動

1999年，一篇來自《美國臨床營養學會期刊》的文章，研究者蘭迪‧布萊納（Randy Bryner）找了20位肥胖的中年男女（平均BMI值35），這些受試者平時沒有運動習慣，而且心肺功能相當差。這個研究共持續12週，所有受試者都被給予低熱量的減重代餐，一天僅800大卡，算是一個非常「殘忍」的節食研究。

❶ 水密度測量法（Hydro-densitometry）：是一種測量體脂肪率的方法，雖然比一般常見的電阻式體脂計準確，但有儀器笨重、測量不便等缺點。其進行方式為：請受測者浸入一個水缸之中，測量滿出來的水的體積，即可得出受測者的身體體積。用體積與體重計算出身體密度後，再用公式（體脂率 = [4.570／密度 - 4.142]×100）即可推算出受測者的體脂率。

■ 重訓組和有氧組的運動內容

重訓組
- ✓ 1週運動3次
- ✓ 10種不同動作
- ✓ 2～4組
- ✓ 8～15下
- ✓ 全程嚴密監督

有氧組
- ✓ 1週運動4次
- ✓ 每次1小時
- ✓ 走路／腳踏車
- ✓ 爬樓梯
- ✓ 自定運動強度

除了節食，一組人被吩咐做有氧運動，另一組人則被抓去健身房做重訓。各位讀者如果平時有在吸收健身新知，應該知道節食有飢餓（廢話）、代謝率下降、肌肉流失等副作用。那麼，猜猜看在這篇研究中，重訓還是有氧比較能緩解節食帶來的不良影響？

重訓組在12週的節食後，總體重減了14.4公斤，肌肉量減少0.8公斤，體脂肪則減少14.5公斤。而有氧組的總體重少了18.1公斤，肌肉量減少4.1公斤，體脂肪是少了12.8公斤。

眼尖的讀者會發現，總體重變化怎麼不等於肌肉量＋體脂的加總？這不是筆誤，原始的文獻上的確是這樣記載的。我推測應該是因為本研究使用水密度測量法（Hydrodensitometry）❶來測量體脂肪，多少會有誤差，才造成數字兜不攏的情形。

至於在提升基礎代謝率上，重訓組的基礎代謝率比原本的提升了63.3大卡，有氧組卻是比原來的大大降低了209.7大卡。

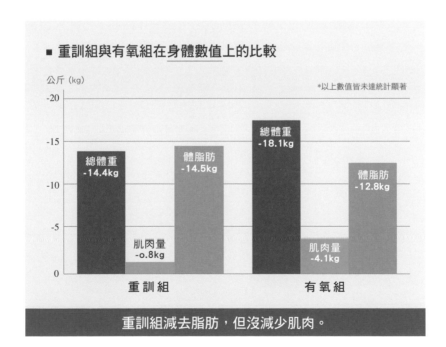

■ 重訓組與有氧組在身體數值上的比較

公斤（kg）

*以上數值皆未達統計顯著

-20

-15

-10

-5

0

總體重
-14.4kg

體脂肪
-14.5kg

肌肉量
-o.8kg

重訓組

總體重
-18.1kg

體脂肪
-12.8kg

肌肉量
-4.1kg

有氧組

重訓組減去脂肪，但沒減少肌肉。

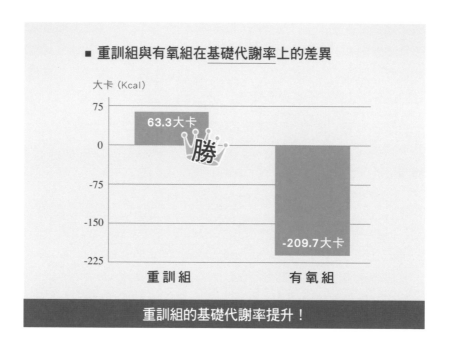

■ 重訓組與有氧組在基礎代謝率上的差異

大卡 (Kcal)

重訓組的基礎代謝率提升！

可以看到，重訓組比有氧組多一些肌肉，少一些脂肪，雖然未達統計顯著，但整體而言是偏向重訓的。另外，這篇研究價值連城的發現是在於：重訓組即使每天只攝取800大卡的超低熱量，12週後的基礎代謝率竟然微微上升。邊節食還能邊提高代謝率，這是非常驚人的！

Dr. 史考特　1 分鐘小叮嚀

從這篇研究中，我們可以學到幾件事情：

• 用激烈的節食手段真的會瘦。

• 在節食的過程中做重訓，能減緩基礎代謝率的下滑，甚至微微地提高它。

• 在節食的情況下，重訓一樣可以順利燃脂，而且「可能」可以減少肌肉流失的速度。

在這邊還是要嘮叨一下，短期的節食儘管減重效果很好，但常伴隨著許多不適症狀：疲倦、怕冷、性慾下降、情緒問題。對於一般人來說，每天只攝取800大卡的熱量，要維持4個月的時間是不切實際的。如何制定一個好的飲食策略來維持長期體重，比單純的「少吃」更重要。**重量訓練可以「逆轉」許多節食的副作用**，如果你的目標是減重、降低體脂率，那麼重量訓練絕對是各位讀者應該試試的選項。

重訓＋有氧＝終極健美！

重訓就是增加肌肉，有氧就是在燃脂？事實並非如此。適度搭配重量訓練與有氧訓練，不僅在減脂增肌的效果好，更能促進心肺有氧能力。

在「女孩也該重量訓練」系列當中，我們介紹了高強度運動與重量訓練的好處。本篇將進一步延伸，探討結合不同訓練方法的效果。

▌重訓加有氧是改變體態的好選擇

2012年，美國杜克大學進行的實驗找了119位肥胖的受試者，隨機分成3組後，展開8個月的運動計劃：

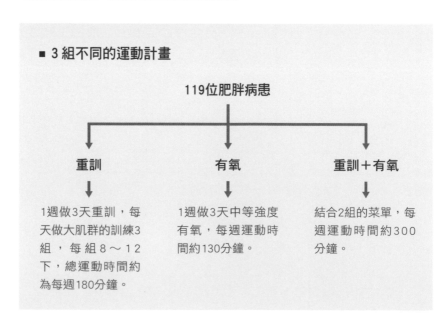

■ 3組不同的運動計畫

119位肥胖病患

重訓	有氧	重訓＋有氧
1週做3天重訓，每天做大肌群的訓練3組，每組8～12下，總運動時間約為每週180分鐘。	1週做3天中等強度有氧，每週運動時間約130分鐘。	結合2組的菜單，每週運動時間約300分鐘。

8個月過去，測量受試者的身體各項數值，杜克大學學者有了以下的發現：重訓組在實驗期間，脂肪量少了0.26公斤，肌肉量增加1.09公斤。有氧組的脂肪量少了1.66公斤，肌肉量也少了0.1公斤；至於重訓＋有氧組呢？脂肪量足足少了2.44公斤，肌肉量則是增加0.81公斤。

　　從三組人馬的體重變化，明顯看出有氧組減了最多的體重。

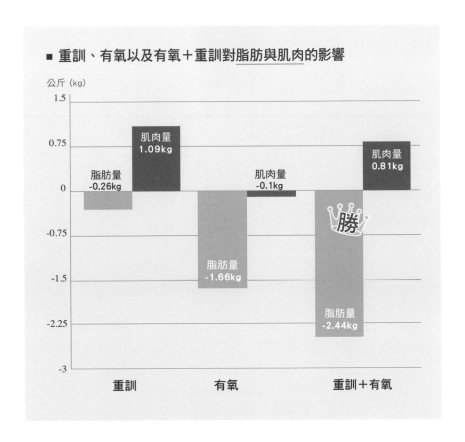

　　這三組受試者的體重變化上，重訓組的體重增加0.83公斤，有氧組減少了1.76公斤，而重訓＋有氧組則減少1.63公斤。

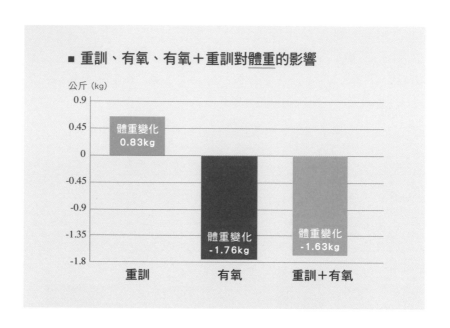

■ 重訓、有氧、有氧＋重訓對體重的影響

公斤（kg）

重訓：體重變化 0.83kg

有氧：體重變化 -1.76kg

重訓＋有氧：體重變化 -1.63kg

　　至於體脂肪變化，重訓組的體脂肪降低了0.65%，有氧組降了1.01%，降幅最大的是重訓＋有氧組，大幅降低了2.04%。

■ 重訓、有氧、有氧＋重訓對體脂肪的影響

百分比（%）

重訓：體脂肪變化 -0.65%

有氧：體脂肪變化 -1.01%

重訓＋有氧：體脂肪變化 -2.04% 勝

重訓＋有氧組的體脂肪下降幅度為其他組的 2 倍以上

　　光看體重數值，你可能會認為有氧運動最有利於減重；但就脂肪量的變化與肌肉量的增加而言，重訓＋有氧其實才是改變體態最好的選擇。在心肺有氧能力上，重訓＋有氧組進步幅度也高於純有氧組和純重訓組。

值得一提的是，有氧組擁有最高的「中途放棄率」：1/3的有氧組受試者因各種理由而自行退出實驗。相反地，即使重訓＋有氧組在健身房裡花費的時間遠高於有氧組（300分鐘：130分鐘），他們的放棄率卻僅有23%。

這是非常有趣的現象——**在運動計畫中加入重量訓練，似乎讓人更能容易維持運動習慣。**

Dr. 史考特　1分鐘小叮嚀

如果只能選擇一種運動方式，那麼高強度運動如重訓、間歇訓練會是你的最佳選擇；但如果你行有餘力，那麼加入一些有氧運動能讓成果更加顯著。

許多朋友錯誤地認為重訓就是增加肌肉，有氧就是在燃脂，這與事實相去甚遠。適度搭配重量訓練與有氧訓練，不僅在減脂增肌的效果比單一運動來得好，更能促進心肺有氧能力，對整體健康與體態都更有益處。

PART

4

重量訓練才是健身王道

| 寫在最後 |

在健身減重的路上，
一起努力吧！

　　我在本書裡嘗試以科學研究破解許多關於減脂健身的迷思，同時也建立起一套有別於坊間健身書籍的理論體系。「大破大立」固然是本書的目標之一，但更重要地，我希望各位讀者能夠從本書中得到「分辨好壞」的能力。

　　還記得嗎？我在作者序中提到，因為聽信網路健身文章的建議，我曾大量丟棄蛋黃而在家裡引發了「毒氣事件」與「小型水災」。那時的我只知道要相信「專家」，而完全沒有辨別資訊真偽的能力。

　　現在的我，學會了相信實驗數據而非專家意見；評讀研究方法，而非通盤接受；參考各方立場，而非以管窺天。鑽研一門學問需要大量時間、精力，即使是現在的我，仍然感覺自己只是碰觸到皮毛而已。我不是要各位讀者念完本書後，都成為運動科學、營養專家；反之，我希望各位能從本書體認到「實實在在」的科學健身文章應該有哪些特徵：以數據支持說法、以批判眼光評讀、綜合過往研究結論。

　　如果一篇文章詳細地說明了其立論根據、背後的研究方法，以及針對該議題的正反方意見，它的可信度應該不會太差。以後再遇到「日本醫學博士警告，蛋黃的膽固醇會引發氣喘」，或是「晚間新陳代謝較慢，因此睡前進食易胖」之類的文章，如果各位一眼就能看出其中的問題，那麼這本書的第二個目標，也算是圓滿達成了。

　　本書內容皆是根據過去的科學研究來撰寫，為了尊重前人的智慧結晶，並對自己的著作表示負責，我將參考文獻的清單列在 http://one-minutefitness.blogspot.tw/p/dr.html，歡迎有興趣的讀者一起深入鑽研，並提出回饋！

本書參考文獻

246 |

致謝

　　本書寫到這裡，已經進入了尾聲，我想要利用這個小小的篇幅來道謝。首先我要感謝我的太太「小食怪」（這是她的網路筆名），在這兩年時間裡，我利用下班的空閒時間完成了本書的大部分內容，但作為一個週工時平均88小時的醫學中心住院醫師，下班時間其實是很稀有的。為了寫作，我犧牲的不僅是我自己的精力與時間，更是小食怪的。沒有她的支持與辛勞（尤其是每晚準備桌上美味又營養的餐點），這本書是不可能出版的。

　　再來要感謝我的父母，給我一個不虞匱乏而且自由開明的生長環境。從小我就有許多「旁門左道」的興趣，爸爸媽媽總是抱持一個正向鼓勵的態度，在這些興趣培養的過程裡，我學會了如何自主學習並深入鑽研，這成為了我學習運動科學的路上最大的助力。

　　感謝三采文化的同仁們，不吝忍受我這個菜鳥作家，並給予身為作者的我最大的自主權，與你們合作是我的榮幸。

　　最後，我要感謝好多好多我不曾見過面的老師們：Dr. Peter Attia、Denis Minger、Alan Aragon、Dr. Jason Fung、Dr. Kelly Starrett、Dr. Kamal Patel、Eric Cressey、Dr. Stephan Guyenet。這些都是營養、運動科學等領域的翹楚，也是建構我思考、知識基礎的導師，沒有你們，就沒有今天的我。

國家圖書館出版品預行編目資料

Dr. 史考特的一分鐘健瘦身教室【暢銷增修版】：用
科學 X 圖解破除迷思，打造完美體態！/ 史考特（王
思恒）著 . -- 二版 . -- 臺北市：三采文化股份有限公
司，2021.06
　面；　公分 . --（三采健康館；106）
ISBN 978-957-658-565-4（平裝）

1. 塑身 2. 運動健康 3. 健康飲食

425.2　　　　　　　　　　　　110007252

■有鑑於個人健康情形因年齡、性別、
病史和特殊情況而異，建議您，若有任
何不適，仍應諮詢專業醫師之診斷與治
療建議為宜。

suncolor
三采文化集團

三采健康館 106

Dr. 史考特的一分鐘健瘦身教室【暢銷增修版】
用科學 X 圖解破除迷思，打造完美體態！

作者｜史考特醫師（王思恒）
副總編輯｜鄭微宣　責任編輯｜戴傳欣、陳雅玲　校對｜黃薇霓
美術主編｜藍秀婷　封面設計｜李蕙雲　美術編輯｜李蕙雲　內頁排版｜李錦雲、藍秀婷　攝影｜林子茗
行銷經理｜張育珊　行銷企劃｜周傳雅　食譜設計｜陳姿伶　梳化｜謝鈺倫
內頁照片提供｜technotr / istockphoto.com（p.119）、Undrey / Shutterstock.com（p.133）、
urbanbuzz / Shutterstock.com（p.140）、SciePro / Shutterstock.com（p.188）、
Katya Yatsenko, Pikul Noorod, Undrey, / Shutterstock.com（p.225）、「健身卡波 Fitness Couple」粉絲團（p.222）

發行人｜張輝明　總編輯｜曾雅青　發行所｜三采文化股份有限公司
地址｜台北市內湖區瑞光路 513 巷 33 號 8 樓
傳訊｜TEL:8797-1234　FAX:8797-1688　網址｜www.suncolor.com.tw
郵政劃撥｜帳號：14319060　戶名：三采文化股份有限公司
本版發行｜2021 年 6 月 4 日　定價｜NT$420